Web
开发人才培养系列丛书

React

基础教程

韩岗 王俪璇 李晋华 ◉ 编著

U0265146

人民邮电出版社
北京

图书在版编目（CIP）数据

React基础教程 / 韩岗，王俪璇，李晋华编著. --
北京：人民邮电出版社，2022.7
（Web开发人才培养系列丛书）
ISBN 978-7-115-59263-7

Ⅰ. ①R… Ⅱ. ①韩… ②王… ③李… Ⅲ. ①移动终
端－应用程序－程序设计 Ⅳ. ①TN929.53

中国版本图书馆CIP数据核字(2022)第077648号

内 容 提 要

本书是一本专门介绍 React 前端框架基本原理及其相关工程实践的技术图书。全书共 14 章，主要包括 React 基本原理、React 组件、React 开发环境与工具、React 高级技术、React 应用实例、React 相关资源等方面的内容。全书从 React 基本原理讲到组件开发，最后又讲到实际工程环境，并以高校选课系统为实例进行分析，既覆盖了 React 开发的理论，又给出了接近实际工程环境的实例。本书语言表述通俗易懂，在讲解技术应用的同时也力图介绍清楚底层原理和相关概念，此外还配有生动的实例分析，便于读者全面把握和深入理解 React 技术。

本书编者长期从事信息技术和信息系统的研发工作，并拥有多年的教学经验。本书内容全面，编排合理，论述清晰，可作为高等院校 React 前端开发相关课程的配套教材，也可作为相关技术培训课程的配套教材，还可作为从事 Web 前端设计与制作工作的开发者的工具书。

◆ 编　著　韩　岗　王俪璇　李晋华
　　责任编辑　王　宣
　　责任印制　王　郁　陈　犇

◆ 人民邮电出版社出版发行　　北京市丰台区成寿寺路 11 号
　　邮编　100164　电子邮件　315@ptpress.com.cn
　　网址　https://www.ptpress.com.cn
　　固安县铭成印刷有限公司印刷

◆ 开本：787×1092　1/16
　　印张：13.75　　　　　　　　2022 年 7 月第 1 版
　　字数：332 千字　　　　　　 2025 年 1 月河北第 4 次印刷

定价：59.80 元

读者服务热线：(010)81055256　印装质量热线：(010)81055316
反盗版热线：(010)81055315
广告经营许可证：京东市监广登字 20170147 号

前言

PREFACE

技术背景

以 1990 年浏览器的诞生为标志，到今天，前端开发技术已经走过了 30 多年。其间，前端开发技术飞速发展，经历了几次大的革新，首先是静态 HTML 时代，然后到 AJAX 技术，最后到以 Web 组件为基础的现代前端开发技术。然而 30 多年来，前端开发者很多时候都会感到迷茫。为了追求极致的用户体验，前端开发者总有处理不完的细节，工作烦琐，重复劳动多；同时，浏览器和前端开发技术发展太快，致使开发者需要不断追随技术的发展，很多时候前面的工程还没结束，使用的技术却已式微。前些年出现的以 React 为代表的前端框架，正是为了解决前端开发痛点而诞生的。学习 React 可以极大地减轻前端开发者的劳动，提高开发效率，这也正是编者编写此书的目的。

React 是 2013 年由 Facebook 公司提出的技术，可以说 React 开创了前端开发技术的新时代。经过多年的发展，现在 React 已经是非常成熟的前端开发技术，不仅有大公司光环加持，而且建立了完善的社区生态，是当前前端开发技术中极具竞争力的技术之一。类似的前端框架还有在它之后出现的 Vue 和 Angular，尽管 Vue 和 Angular 具有后发优势，但是 React 依然在性能和简单性上具有自己的优势，可以说 React 是学习前端技术的首选。学习了 React 之后，再学习其他前端技术，也会变得容易。事实上，Vue 和 Angular 等技术都不同程度借鉴了 React 的思想。学会了 React，不仅仅是学会了前端开发，而且是学会了移动 App 的开发，因为 React 的知识可以直接应用于跨平台移动应用开发框架 React Native，使用该技术可以轻松开发跨平台的原生移动 App。

本书内容

目前，React 的学习资料众多，网上的、书本上的，鱼龙混杂，初学者难以选择。而且由于 React 的不断发展和进步，这些资料中有相当大的一部分都过时了，很多用法也发生了变化，给读者带来了很大的困扰，增加了学习成本。本书以最新版本的 React 为基础，主要介绍 React 基础、组件开发、开发环境搭建、路由、前后端交互、单元测试等相关内容，全面覆盖最新的 React 技术栈。通过学习本书，读者完全可以胜任 React 开发的相关岗位，独立完成 React 前端开发。本书立足于实践，很多内容都是编者多年来的经验总结，可以使读者少走弯路，直接掌握 React 前端开发的精髓。

配套资源

本书的主要实例均附带源代码和实例包，读者可以从人邮教育社区（www.ryjiaoyu.com）上进行下载。实例包中提供了 Node.js 的安装程序和运行说明文件。另外，书中所提到的实例名对应实例包中的同名文件夹。实例包根目录下的"使用说明.txt"文件说明了运行实例的前提条件和实施步骤。

使用范围

1. React 前端开发相关课程的配套教材。
2. 培训机构相关技术培训课程的配套教材。
3. 从事 Web 前端设计与制作工作的开发者的工具书。

本书约定

在面向对象的语言中，成员函数也被称为方法。本书将它们统一称为成员函数，或简称"函数"。代码中需要重点强调或提醒的部分统一使用粗体格式。

关于我们

尽管编者已经对本书做了仔细校对，但书中疏漏和不足之处在所难免，非常欢迎读者朋友将问题指出并反馈给编者。如果您有好的建议和意见，或碰到与本书内容相关的疑难问题，可以联系编者，编者会及时为您解答。服务邮箱：ljhiiii@sina.com。

编　者
2022 年 2 月

< 2 >

目 录

CONTENTS

< 2 >

第 9 章
React Hook

第 10 章
Flux 和 Redux

第 11 章
路由

< 3 >

第 12 章
前后端交互

第 13 章
React 单元测试

第 14 章
工程实例——选修课选课系统

附录 A
相关资源

附录 B
名词解释

< 4 >

第1章 React 基础

现在正式开启 React 的学习之旅。首先简单学习一下 React 的基本知识，并完成我们的第一个 React 程序，为后面的深入学习打好基础。

1.1 React 概述

2013 年，Facebook 公司正式推出 React 前端框架，其定位为声明式、高效、灵活、用于构建用户界面的 JavaScript 库。当时，React 的出现，可以说是具有创新性、革命性的。React 从诞生开始就得到了广泛的关注和认可。

为什么说 React 是创新性和革命性的前端框架？这要从当时前端开发的实际情况说起。在 2013 年之前，前端是一个五花八门的状态。除了使用最广泛的前端工具库 jQuery 外，还有一些新兴的前端 MVC（Model-View-Controller，模型-视图-控制器）或者 MVVM（Model-View-View Model，模型-视图-视图模型）开发框架，如 AngularJS、EmberJS 等。而 React 的出现，正是源于 Facebook 公司对 JavaScript 前端开发中已有的 MVC 和 MVVM 框架的不满。这些框架依赖的代码库数量多、体积大，而且前端工程化一直存在一个严重的问题，那就是前端没有模块化的标准和编程语言支持，这使得前端 MVC 工程变得复杂和难以掌控。尤其在增加新的逻辑时，系统的复杂度呈指数级增长，有时候需要在多处进行代码修改，而新的修改又很容易影响其他逻辑，这致使代码难以维护，工程规模难以做大。特别是模型和视图还可能存在双向数据流动，更增加了复杂度和不确定性。基于这些原因，Facebook 公司认为 MVC 在前端开发中不适合大规模的应用，于是决定自己开发一套框架，这就是 React。

React 的诞生就是为了开发大型的前端应用，尤其是对交互要求高、数据动态变化较频繁的大型前端应用。React 的设计思想极其独特，它使前端开发化繁为简，真正意义上实现了前端的组件化和模块化，是前端技术的一大历史性创新。React 的逻辑简单，性能出众，适用面广，甚至还能用于移动 App 开发。越来越多的人开始关注和使用 React，并认为 React 代表了未来 Web 开发的主流方向。后来的事实也证明了这一点，随后诞生的 Vue、Angular 2+等其他前端框架，都不同程度地借鉴了 React 的思想。

React 是作为开源产品发布的，其源代码是直接发布在开源网站上的。2016 年 Facebook 公司曾经修改过开源协议，遭到业界抵制后，又放开了限制。感兴趣的读者可以直接去阅读官方文档，跟踪和学习 React 的最新发展。

下面先简单介绍 React 的 3 个优点，使读者初步认识 React。通过后面的章节，读者可以更深入地了解 React，体会其特点和内涵。

（1）简单。Web 技术和需求的发展，使前端开发由简单变得复杂，而 React 的出现，则重新使开发变得简单。React 的简单主要体现在：声明式的代码风格与视图自动更新相搭配，简化了逻辑；使用纯 JavaScript 语言，并以组件作为最基础的单元，通过组件的叠加和组合实现复杂逻辑，更利于解耦和代码重用；单向数据流、虚拟文档对象模型（Document Object Model，DOM）、极简的 API（Application Programming Interface，应用程序接口），更方便开发人员理解 React，降低开发和学习成本，同时更易于维护和测试。

注：在 HTML 中，DOM 是一种处理 HTML（Hyper Text Markup Language，超文本标记语言）文件的标准 API，提供了对整个文档的访问模型，将文档视为一个树形结构，树的每个结点对应一个 HTML 标签及标签内的文本。

（2）快速。React 以虚拟 DOM 为基础，界面局部更新时仅重新渲染局部页面，且数据都是单向更新，这使得 React 具备无与伦比的优异性能。同时 Facebook 公司还在持续不断地优化性能、追求卓越，可以说在速度上，React 具有较大的优势。

（3）生态。React 具有良好且完备的生态。React 出身于国际大公司 Facebook，又具有非常丰富的开源资源，而且在国内备受大公司和个人喜爱，国内大公司和技术专家们纷纷加入 React 生态，中文资源同样丰富。

同时，读者也应了解 React 的 3 点不足，避免在后续学习中走入一些误区。

（1）React 不是一个完整的框架，只对应 MVC 架构中的 V（视图），需要与 Redux、Router 等库配合使用，才能构建出像 Angular 那样完整的框架。

（2）React 开发使用的 JSX 语法，不是一种新的模板语言，仅仅是一种更简单的 JavaScript 描述方法，虽然很简单，但是使用者还是难免要为学习 JSX 付出一定代价，这既包括要学习这种新的描述方法，也包括要搭建 JSX 的转换环境。

（3）React 的核心 API 在不断变化，基本上每个版本都会有 API 的调整。新的 API 出现，旧的 API 可能会被淘汰，开发人员必须持续跟进 API 的变化。不过经过长期的发展，API 已经基本趋于稳定，变化已经越来越少了。从另外的角度来说，变化就意味着进步，开发人员要积极适应变化。

针对这些不足，React 也在不断地发展完善。本书基于最新版本的 React，安排了 JSX、Router、Redux 这些与 React 配套的章节内容。学习完本书，读者就可以使用 React 实现完整的 Web 前端开发。

1.2 React 基本结构

学习一门新技术，首先要理解它的核心思想，掌握核心机制，学习它的创新和与众不同的地方。而学习 React，首先要从理解虚拟 DOM 机制开始，因为虚拟 DOM 是 React 的核心，是 React 最重要的创新。

< 2 >

1.2.1　虚拟 DOM

虚拟 DOM，顾名思义，指非真实的、虚拟的 DOM，类似于浏览器 DOM，但又独立于浏览器 DOM。开发人员通过声明的方式构建虚拟 DOM 树来描述界面，最终由 React 将虚拟 DOM 对应渲染为真实的浏览器 DOM。

虚拟 DOM 和浏览器 DOM 的不同之处在于，浏览器 DOM 是由 HTML Element 元素组成的树形结构，而虚拟 DOM 是由 React Node 结点元素组成的树形结构。一个 React Node 实例表示一个轻量的、无状态的、不可变的虚拟 DOM 元素，从形态上看与 HTML Element 基本相似。虚拟 DOM 树通过 React 的核心 API 之一——ReactDOM.render()渲染，并挂接到实际的浏览器 DOM 结点下，形成最终浏览器中呈现出来的界面显示效果。虚拟 DOM 结点 React Node 的数据来源可以是文本（string）、数字（number），也可以是 React Element。同时，React Node 支持嵌套，可以包含子 React Node 的数组。多级嵌套的 React Node 最终形成一棵多层虚拟 DOM 树。

现在重点探讨一下为什么要引入虚拟 DOM，以及虚拟 DOM 解决了什么问题。

第一，虚拟 DOM 解决了浏览器 DOM 速度慢的问题。虚拟 DOM 之所以出现，其最重要的出发点是解决浏览器渲染的性能问题。浏览器渲染 HTML 是个复杂而且慢速的过程。浏览器解析 HTML 生成的 DOM 其实非常复杂，一个最简单、最基础的 div 元素都有几百个属性，这导致了浏览器 DOM 树的构建和页面渲染速度很慢。如果触发了页面事件修改 DOM 元素，往往要重新渲染整个页面，开销巨大，影响用户体验。虚拟 DOM 的本质是用 JavaScript 对象结构来描述 DOM 树的结构，然后通过这个树形结构对应生成真正的浏览器 DOM 树。当状态变化时，首先变化的是虚拟 DOM 树，然后 React 通过比较新旧两棵虚拟 DOM 树，把只发生了变化的部分更新到实际浏览器 DOM 中，实现了自动的局部更新，既不需要手动更新，也避免了整个页面的更新。

第二，虚拟 DOM 屏蔽了浏览器的差异。使用 JavaScript 描述虚拟 DOM，用户编写只需要遵循 JavaScript 标准，而不是适应不同浏览器的 DOM 标准。渲染工作由 React 在幕后完成，这样开发者只是面对 JavaScript 编程，而不用关心浏览器。更进一步，React 支持服务器端渲染，将虚拟 DOM 直接在服务器端渲染为静态的内容。React Native 还可以将虚拟 DOM 渲染成面向移动端的 Native App 本地应用页面，这使得 React 成为了当前的主流跨端开发工具之一。

总结起来，虚拟 DOM 实现了高性能和底层运行环境的兼容。

React 的开发过程，本质上就是编写 JavaScript 代码，调用 React 的各种 API，构建虚拟 DOM。而 React 的内核，则将虚拟 DOM 和虚拟 DOM 的变化同步映射为真实的浏览器 DOM，开发人员无须关心虚拟 DOM 如何转换成浏览器 DOM 的具体细节。

1.2.2　组件

组件是 React 开发中最基本的功能单元，是具有独立功能的界面元素。复杂的用户界面也是由简单的 React 组件一步一步"堆砌"形成的。

基于组件的 React 开发可以分解为以下 3 个过程。

（1）开发人员按照功能逻辑，将业务逻辑划分为多个基本功能单元，这样的功能单元就是组件，这是一个自顶向下的设计过程。

< 3 >

（2）为每个组件编写代码。调用 React 的 API 创建 React Element，将若干个 React Element 组合，就完成了组件的开发。

（3）通过组件的排列、叠加、嵌套，最终构成完整逻辑功能的虚拟 DOM 树，这是一个自底向上的开发过程。

现在通过代码认识一个最简单、最基础的 React 组件，其作用是在浏览器屏幕中输出"Hello world"文本：

```
class HelloComponent extends React.Component{
  render() {
   return React.createElement('h1', null, 'Hello world');
  }
};
```

这里的 HelloComponent 是一个 React 组件类，通过继承 React.Component 类来创建。这里使用的是 ES6（ECMAScript 6，是 2015 年 6 月正式发布的 JavaScript 语言标准）的语法。在此之前，是通过调用 React.createClass() 方法来创建组件的，两者的本质是一样的。HelloComponent 组件通过 render() 方法返回一个虚拟 DOM 结构，以描述最终在浏览器上要呈现的内容。React 会根据 render() 方法中的描述，把结果展示在浏览器中。这就是 React 的核心工作。这个例子中，我们在 render() 中调用 React.createElement() 函数，创建了一个内容为"Hello world"的 h1 标题的文本组件。

后面我们会运行 HelloComponent 组件，但在此之前，我们要了解 React 基本知识。下面首先介绍 React Element，也就是在 render() 中通过调用 React.createElement() 方法创建的基础数据。

1.2.3 React 元素

React Element（React 元素），是 React 的虚拟 DOM 中最基础、也是最主要的内容。在实际项目中，开发人员通过构建 React Element 来组装虚拟 DOM 树。

React Element 只有 4 个要素：类型（type）、属性（props）、键（key）和引用（ref）。

React Element 的创建通常在 render() 方法中完成，通过调用 React.createElement() 创建 React Element。React.createElement() 方法的第 1 个参数是类型（type），该参数一般是 HTML 标签名或预先已经声明的 React 组件名；第 2 个参数是 React Element 的属性（props），使用 json 格式描述；第 3 个及以后的参数是该 React Element 所要包含的子 React Element。参看下面的例子：

```
let child1 = React.createElement('li', null, 'text1');
let child2 = React.createElement('li', null, 'text2');
let parent = React.createElement('ul', { className: 'myUlClass' }, child1,child2);
```

或

```
let parent = React.createElement('ul', { className: 'myUlClass' }, [child1,
child2]);
```

类型（type）也可以是预先声明的组件：

```
let child1 = React.createElement(HelloComponent, null);
```

< 4 >

上例中的 HelloComponent，是 1.2.2 小节中声明的组件。

这里要重点强调的是 React.createElement() 的第 1 个参数。依照 React 的约定，对于自定义组件名，首字母要大写且需要预先声明，例如 HelloComponent，其首字母要大写。对于 HTML 元素，则可以直接使用而不需要声明，但是元素标签名应该小写，例如例子中的 ul、li 两个就是 HTML 元素，使用时需要小写。React 通过组件类型名的首字母是否大写来判断是否为自定义组件，这一点在 React 开发中要特别注意！

从上面示例中的 parent 可以看出，更为复杂的虚拟 DOM 树也是通过不停地调用 React.createElement() 方法构建出来的。

最后简单介绍一下 key 和 ref 的作用。key 和 ref 是两个特殊的属性，赋值的时候要与其他属性一起，作为 React.createElement() 的第 2 个参数传递进去。

key：可选的唯一标识符，一般在构建列表时作为唯一标识使用。在列表中为每个元素赋予不同的 key，有助于虚拟 DOM 的差异检查，可以避免产生不必要的开销。

ref：可选的实际 DOM 元素的引用，用于访问 React Element 对应的实际 DOM 元素。在某些特殊情况下，我们可能会需要直接操作一个渲染后的 DOM 对象，比如直接调整 DOM 元素的位置或大小，或者在大型的非 React 应用中使用 React 组件，或者在 React 中复用已有的代码库等。

1.2.4 渲染

React 将虚拟 DOM 转换成浏览器 DOM，首先需要在 HTML 中创建一个元素，作为虚拟 DOM 挂接的根结点，例如：

```
<div id="root"></div>
```

这是必需的步骤，因为这是虚拟 DOM 挂接到浏览器 DOM 的入口，该根结点内的所有内容都将由 React 来管理。

要将一个虚拟 DOM 渲染到这个 HTML 根结点，需要调用 ReactDOM.render() 函数，例如：

```
ReactDOM.render(
   React.createElement(HelloComponent, null),
   document.getElementById('root')
);
```

这段代码将我们前面创建的 HelloComponent 组件渲染到浏览器中 id 为 root 的 div 元素中。

现在来看一个更复杂的渲染程序。该程序通过 setInterval() 方法，每秒更新并渲染一次，即每秒调用 ReactDOM.render() 一次来输出当前的时间。

```
function showTime() {
   const element1 = React.createElement('h1', null, 'Hello React!');
   const element2 = React.createElement('h1', null, new Date().toLocale
                    TimeString() );
   const element = React.createElement('div', null, [element1,element2]);
   ReactDOM.render(element, document.getElementById('root'));
}
setInterval(showTime, 1000);
```

< 5 >

尽管每秒该程序都会新建一棵描述整个界面的虚拟 DOM 树，但实际渲染的过程中，React 只会更新实际发生了改变的内容，即 element2 这个元素的内容，也就是例子中的时间文本。React 能很聪明地识别出哪些地方发生了变化，并且只重新渲染这些变化了的内容。

这里 ReactDOM.render() 负责将虚拟 DOM 渲染为浏览器 DOM，并在浏览器中呈现。开发人员只需要声明虚拟 DOM，剩下的事交由 React 来做就可以了，这大大提高了开发效率，也体现了 React 声明式编程的特点。虚拟 DOM 不仅可以渲染到浏览器，也可以渲染到 Native App，运行在 Android 或 iOS 手机上，这就成为一个原生的移动 App 应用。

至此，我们结合了一个简单时钟的例子，再次论述了虚拟 DOM 是实现高性能和底层运行环境兼容的核心，使读者可以更深入地理解虚拟 DOM 原理。

1.3 第一个 React 程序

经过前面的学习，我们已经做好了 React 的基础知识准备，激动人心的时刻到了！现在一起来实现第一个 React 程序。

1.3.1 基本运行环境

摒弃工程化的干扰，先从最基础、最简单的环境开始。搭建 React 的基础环境实际上是非常简单的，只需要在 HTML 文件中引入两个.js 文件，即 react.js 和 react-DOM.js，便可开始工作。

```
<script src="https://unpkg.com/react@16/umd/react.development.js" crossorigin>
</script>
<script    src="https://unpkg.com/react-dom@16/umd/react-dom.development.js"
crossorigin></script>
```

这里我们从 CDN 引入。当然也可以从 CDN 下载到本地，再引入本地的.js 文件。

react.js 和 react-DOM.js 是 React 运行时最常用到的核心文件，这两个文件路径上的"@16"表示我们引入的是 v16 版的 React 库，文件的".development"后缀表明这两个文件属于适用于开发环境的版本。开发环境版本的.js 文件未进行压缩，使用过程中有更多更全的提示，便于调试。而在生产环境部署时需要引入 production 生产环境版本，具体方法是将两个文件的".development.js"后缀名替换为".production.min.js"。生产环境版本的体积更小，加载速度更快。

这里补充说明一下，目前 React 最新的大版本号是 v16，现在需要引入两个.js 文件。而早在 v0.14 及之前，只需要引入一个.js 文件。从 v0.14 以上开始，React 核心分为两个文件（v0.14 和 v16 并没有相差十几个大版本，因为 React 从 v0.15 开始，便改名为 v15）。这种核心文件的分离看似多余，但也有其合理性和目的性，原因如下。

react.js 实现了 React 的核心逻辑，包含了 React.createElement()、React.createClass() 等核心 API，涵盖了构建虚拟 DOM 相关的全部 API，但是 react.js 与具体的渲染引擎无关，从而可以跨平台共用。如果应用要迁移到服务器端或 React Native 渲染，这一部分逻辑是不需要改变的。

< 6 >

react-DOM.js 则包含了具体的 DOM 渲染的逻辑，这个部分是与浏览器或者运行环境相关的部分。如果要将应用迁移为 Native App，则这部分需要使用 React Native 框架来实现。react-DOM.js 中主要的 API 是 ReactDOM.render()，以及一些与服务器端渲染相关的 API。目前 React 支持的浏览器有 IE 9 以上版本、Chrome 和 Firefox 等，早期的 React（0.14 版本以前）可以兼容 IE 8 浏览器。

1.3.2　Hello world

现在我们为第一个 React 程序建立一个工程文件夹，这里假定为 d:\react-projects。为方便描述，本书所有范例均以该文件夹作为相对路径的起点。从前面的 Hello world 范例开始，在工程文件夹 react-projects 下新建工程文件夹 example-helloworld，然后在其中新建一个 index.HTML 文件。

其中 index.HTML 内容如下：

```
<!DOCTYPE HTML>
<HTML>
  <body>
    <div id="root"> </div>
    <script src="js/lib/react.development.js"></script>
    <script src="js/lib/react-dom.development.js"></script>
    <script>
      class HelloComponent extends React.Component{
        render() {
          return React.createElement('h1', null, 'Hello world');
        }
      }

      ReactDOM.render(
        React.createElement(HelloComponent, null),
        document.getElementById('root')
      );
    </script>
  </body>
</HTML>
```

至此已完成了首个 React 程序。这段代码实现了在浏览器窗口中输出字符串 Hello world，打开 index.html 可以直接在浏览器中看到效果。这个例子虽然很简单，但万里之行，这是第一步。下面进一步剖析这个示例。

可以看到，在 index.html 的 body 中，声明了<div id="root"></div>这样一个 div，这是为 React 准备的挂接点，后面的代码将这个 div 作为参数传递给 ReactDOM.render()函数，告诉 React，请在这个 div 中渲染内容。

根结点声明后，我们通过继承 React.Component 类定义了一个组件类 HelloComponent。这个组件类只包含一个 render() 函数，该函数通过调用 React.createElement() 创建虚拟 DOM。该虚拟 DOM 内容为：

```
<h1>Hello world</h1>
```

< 7 >

定义好的组件类 HelloComponent 被随后的 ReactDOM.render() 函数所调用。该函数将调用 React.createElement(HelloComponent, null) 创建出虚拟 DOM 树，React 将所生成的虚拟 DOM 渲染到浏览器 DOM 中的 div 标签下，从而实现在浏览器中的最终输出。

剖析这个过程，我们通过 React.createElement() 调用产生 React 元素，而这个元素及其所有子元素（如果有的话）最终要渲染到真实的浏览器 DOM 中才能得以呈现。在开发中，我们的主要工作就是逐级创建出所需要的 React Element，构建出虚拟 DOM 树，并通过与用户的交互来改变虚拟 DOM 树。

从这个例子中还可以感受到面向组件思想。React 的操作围绕组件展开，使用组件需要先声明一个组件类，然后实例化这个组件类。具体的逻辑和功能实现均封装在组件中。

现在读者可以自行编写简单的 React 组件了，也可以通过组件的组合、嵌套实现更复杂的组件，构建更复杂的 UI（User Interface，用户界面）。另外，我们只是声明了组件的内容，并没有关注虚拟 DOM 怎么渲染到浏览器的问题，这些都由 ReactDOM 在幕后默默地完成了。除此之外，React 还在幕后做了很多工作，在后面的章节中我们会一一分析。

1.4 React 的 DOM 更新机制

在前面的例子中，我们创建了一个 React 组件，并将其渲染到浏览器 DOM 中显示出来。而且我们还知道，在内容发生变化的时候，React 只更新变化的 DOM，这其中 React 做了哪些工作呢？本节将介绍 React 内部的 DOM 更新机制，让读者更好地理解 React 是如何快速完成工作的。

1.4.1 前提

通常 React 并不会直接操作浏览器 DOM，而是操作虚拟 DOM。当状态发生变化时，React 先在虚拟 DOM 中通过计算和比较判断出对应变更的部分，然后只将变动的部分反映到浏览器 DOM 中。我们知道，浏览器 DOM 本身速度就不快，而且频繁操作 DOM 会导致页面反复重新渲染，其代价是高昂的。而 React 创造性地通过虚拟 DOM 解决了这个问题，这也是 React 速度快的原因。当然，在最坏、最极端的情况下，每次更新都是整体虚拟 DOM 全都发生变化，那么 React 的速度优势就不复存在了，甚至由于多了虚拟 DOM 这一层，还会变得更慢。但是在前端，这种整体发生变化的情况是很少发生的，一般只有在切换页面的时候才会出现整体或者较大比例的变化。实际使用中绝大多数变化都是局部变化，这也是 React 技术诞生的重要前提。

1.4.2 差异比较算法

React 局部更新的基础是对新、旧两棵虚拟 DOM 树进行快速比较，并判断出发生改变的部分。好的理念还需要强大的算法来支撑，React 巧妙地使用试探法来将 $O(n^3)$ 复杂度的问题转换成 $O(n)$ 复杂度的问题。

< 8 >

将一个树形结构转换成另一个树形结构是一个复杂的、值得深入研究的课题。传统最优算法的复杂度是 $O(n^3)$，n 是树中结点的总数。这个代价非常昂贵，1000 个结点要依次执行上 10 亿次的比较。按照当前 CPU（Central Processing Unit，中央处理器）每秒执行大约 30 亿条指令的速度来计算，即使是最优的实现，也不太可能在一秒内计算出差异情况。

而 React 巧妙地引入启发式算法思路，使用试探法实现了一个非最优但高效的 $O(n)$ 算法。该算法基于以下两个假定。

（1）相同类型的两个组件将会产生相似的树形结构，而不同类的两个组件将会产生不同的树形结构。

（2）可以为元素提供一个唯一的标识，确保该元素在不同的渲染过程中保持不变。

这两个假定使算法具有了出乎意料的性能。事实上，React 放弃了结果最优的方案，而选择了开销更低的次优方案。下面来看一些算法细节。

1．结点的差异比较

为了进行一次树形结构的差异检查，首先需要能够检查树上两个结点的差异，再进行递归检查。比较两个结点时，有 3 种情况需要处理。

（1）不同的结点类型。这种情况下，React 会将它们视为两棵不同的子树，直接移除之前的那棵子树，然后创建并插入第二棵子树即可。当一个结点从<a>变成<img>，或从<article>变成<comment>，都会触发整棵子树的销毁与重建流程。

（2）相同的 DOM 结点类型。在这种情况下，React 会通过查看两个结点的属性，找出发生变化的属性，并进行变更。例如进行如下变更：

```
<div className="before" title="stuff" />
<div className="after" title="stuff" />
```

React 只需要修改发生变化的 className 属性。当结点的 style 属性变化时，由于 style 属性是键值对对象，React 只更新变化的键值对。

当本结点属性更新完毕之后，React 逐层递归检测所有子结点的属性。

（3）相同的自定义组件结点类型。对于结点类型为自定义组件的，稍有些特殊，因为组件是有状态的。React 将变化后组件的所有属性合并到原组件实例上，再在原组件实例上调用 getDerivedStateFromProps() 和 shouldComponentUpdate()（这两个是生命周期事件回调函数，后面会详细学习）。至此，原组件实例的数据已经更新了，随后它的 render() 方法被调用，然后递归地比较新状态的子结点和旧状态的子结点。

2．子结点列表的差异比较

比较完一个结点后，还需要递归地对该结点的全部子结点进行比较。在递归每个子结点之前，要对子结点列表进行差异比较，找出子结点列表的最小差异，然后按最小差异情况进行递归。

对于子结点列表的更新，React 使用的方法很原始：同时遍历两个子结点列表，当发现差异的时候，就生成一次 DOM 修改。例如在末尾添加一个元素就直接对应生成一个插入操作。但如果在列表的头部插入元素就会有问题。如下面的例子，比较第一个子结点时，React 发现两个结点都是 span，类型相同，因此会直接修改已有 span 的文本内容；然后比较第二个子结点，这时

React 会在后面插入一个新的 span 结点：

```
<div>
  <span>first</span>
</div>

<div>
  <span>second</span>
  <span>first</span>
</div>
```

有很多算法尝试找出变换一组元素的最小操作集合。Levenshtein distance 算法能够找出这个最小的操作集合，即使用单一元素插入、删除和替换，复杂度为 $O(n^2)$。但即使使用 Levenshtein distance 算法，也无法检测出比如一个结点移动到了另一个位置这种情况。要实现这样的检测算法，复杂度还要提高。

为了解决这个问题，React 建议开发人员提供帮助，为列表中每个子结点设置一个 key 属性。通过给每个子结点设定唯一的键值，React 就能够使用哈希算法，在 $O(n)$ 的时间复杂度检测出结点插入、删除和替换。在实际开发中，React 会建议为列表中的每个元素都设置键值，否则在开发环境中，React 会通过 Warning（警告）的方式进行提示。

在实际开发中，生成一个唯一的键值不是很困难，比如给组件模型添加一个新的 ID 属性，或者计算部分内容的哈希值来生成一个键值。而且，键值只需要在兄弟结点之间唯一即可，不需要是全局唯一的。

1.4.3 React Fiber 架构

Fiber 是 React v16 使用的新底层核心架构。在 Fiber 出现之前，进行一次 DOM 的比较和更新，需要自顶向下进行递归，整个过程是无法中断的，而且还会占用浏览器主线程。虽然 React 做了大量优化工作，但是主线程上的布局、动画等周期性任务以及交互响应还是无法得到处理，这对用户体验是有一定影响的。

Fiber 解决这个问题的思路是把比较的过程拆分成一系列小任务，每次检查树上的一小部分，做完再看是否还有时间继续下一个任务，有的话则继续；没有的话则把自己移至任务队列最后，等到主线程不忙的时候再继续。

Fiber 将一次更新过程分为以下两个阶段。

（1）比较阶段：可中断。本阶段中 Fiber 将依序遍历结点，通过差异比较算法，判断结点是否需要更新，如需更新则给该结点打上标签。遍历结束后，将要更新的结点放到一个数组中。这个过程可以中断，每完成一部分工作，让出主线程，主线程可以去完成其他更重要的工作，等到主线程空闲时再继续进行比较。该阶段不仅是可中断的，而且可能终止或者重启。

（2）提交阶段：不可中断。本阶段中 Fiber 将在比较阶段得到的数组中的结点一次性更新到 DOM 上。

React Fiber 在实现上非常复杂，它基于虚拟 DOM 树形结构又构建了 Fiber 树形结构，在任务的拆分、优先级划分、任务的调度上都花了很大工夫。Fiber 的出现是对 React 底层实现的一次大

< 10 >

的重构，历时两年，这是一个复杂的过程，可以说是前端技术的最新成果。

本书的重点在于 React 程序开发，而不是深度剖析 React 的底层实现，读者了解其基本原理即可，不作更深入的介绍。但通过了解基本原理，开发者可以写出更优质的 React 代码，并且使自己开发的程序达到性能最优。

1.5　JSX

1.5.1　JSX 介绍

前端组件化的传统思路都是基于模板的，如 jQuery UI 等，这种基于模板的组件化一般都比较烦琐、笨重，不易控制。而在 React 中以组件作为基本单元，同一个组件中，既包含业务逻辑又包含展现逻辑，内容通过 JavaScript 代码生成，可以充分利用 JavaScript 丰富的表达力去构建 UI。

然而，对于稍微复杂一点的界面，可以想象，满屏都将是 React.createElement()，代码的可读性、可维护性都会变得极差。为了使这个过程变得简单，React 创建了一套类似于 XML 的语法，专门用于构建虚拟 DOM 树，这就是 JSX。JSX 是 JavaScript XML 的简称，即用 XML 标记的方式来创建虚拟 DOM 和声明组件。

在前面所举的例子中，我们并没有使用 JSX。离开 JSX，也完全可以完成所有的开发工作，只是开发效率会降低，也不易管理代码，存在诸如.js 代码与标签混写在一起、缺乏模板支持等问题。使用 JSX，则可以有效地解决这些问题。JSX 的实质是使用一种更为"自然"的方式来创建 React Element，它具有以下优点。

（1）可以使用类似 HTML 的语法开发。

（2）程序代码更加简洁、直观。

（3）支持变量嵌入和一些模板特性。

（4）便于代码模块化。

（5）与 JavaScript 之间可以等价转换。

以前文所举的 Hello world 组件为例，使用 JSX 语法描述如下所示：

```
<!DOCTYPE HTML>
<HTML>
  <body>
   <div id="root"> </div>
   <script src="js/lib/react.development.js"></script>
   <script src="js/lib/react-dom.development.js"></script>
   <script src="js/lib/browser.min.js"></script>
   <script type="text/babel">
    class HelloComponent extends React.Component{
      render() {
       return <h1>Hello world</h1>;
      }
```

< 11 >

```
    }

    ReactDOM.render(
      <HelloComponent/>,
      document.getElementById('root')
    );
  </script>
</body>
</HTML>
```

从上面的代码可以看出，JSX 具有更简洁、更强大的表现力。

需要说明的是，JSX 是基于 JavaScript 的一种扩展特性，并不是一种新语言，它只是定义带属性虚拟 DOM 树的一种语法而已。具体运行时，还需要通过转义器将 JSX 翻译为原生 JavaScript 代码再执行。

JSX 并不是必需的。前面的章节没有使用 JSX 描述主要是为了更清楚地了解 React 的基本原理。但在实际开发中，强烈推荐使用 JSX，因为它更简洁、直观、易懂，能减少出错。可以说，除了一些示范性质的程序，所有的 React 程序都应使用 JSX。本书的后续章节将全部采用 JSX 语法。

1.5.2　JSX 使用方法

本小节将介绍 JSX 的基本语法及常见的使用技巧。熟练掌握 JSX 是 React 高效开发的基础。

1. 标签

JSX 语法的特点是将 HTML 标签或者用户自定义的 React 组件标签直接嵌入 JavaScript 语言中。我们来看一个 HTML 标签的例子。

JSX 表示如下所示：

```
<div>
    <div>
        <div>div content</div>
    </div>
</div>
```

转义为 JavaScript 后如下所示：

```
React.createElement('div', null,
    React.createElement('div', null,
        React.createElement('div', null, 'div content')
    )
)
```

JSX 语法转义器会识别嵌入 JavaScript 代码中的 HTML 标签，当遇到“<”时就会启动 JSX 标签转义过程。“<”后面是小写字母时，JSX 按照 HTML 标签转义；是大写字母时，则按照自定义组件转义。

与 HTML 元素类似，React 元素的标签、属性和子元素都会被当作参数传给 React.createElement()

< 12 >

函数。我们再看一个自定义组件的例子，理解这一点。

JSX 表示如下所示：

```
<MyButton color="blue" shadowSize={2}>
  Click Me
</MyButton>
```

转义为 JavaScript 后如下所示：

```
React.createElement(
  MyButton,
  {color: 'blue', shadowSize: 2},
  'Click Me'
)
```

2．表达式

JSX 中支持使用 JavaScript 表达式，从而达到类似模板的效果，JSX 中表达式的使用方法是用一对大括号 { } 将表达式包起来。JavaScript 表达式都是有返回值的，React 会将 JSX 中 { } 所包含的表达式的返回值呈现到页面上。表达式本身与 JSX 没有直接关系，这只是 JavaScript 的特性。来看一个简单的例子：

```
const name = 'ReactProgrammers';
const element = <h1>Hello, {name}, {1+2+3}</h1>;
```

这个例子中 name 表达式只是一个字符串，1+2+3 表达式是一个加法表达式。除此之外，JSX 也可以支持更复杂的情况，例如函数，在函数中可以完成复杂的逻辑。来看一个例子：

```
function formatName(user) {
  return user.firstName + ' ' + user.lastName;
}
const user = {
  firstName: 'React',
  lastName: 'Book'
};
const element = (
  <h1>
    Hello, {formatName(user)}!
  </h1>
);
```

另外，JSX 本身也可以作为表达式。来看下面这个例子：

```
function formatName(user) {
  return <h1>Hello, {user.firstName + ' ' + user.lastName}</h1>
}
const user = {
  firstName: 'React',
  lastName: 'Book'
};
ReactDOM.render(
  <div>{formatName(user)}</div>,
```

< 13 >

```
document.getElementById('root')
);
```

这个例子中，将<h1>Hello, {user.firstName + ' ' + user.lastName}</h1>作为表达式嵌入 JSX 中。在 React 开发中，这是一种很常见的用法，充分体现了 React 的灵活性。掌握 JSX 表达式的使用，是 React 开发者必备的技能。下面我们一起学习一下表达式的两种常见用法——条件渲染和列表渲染。

3．条件渲染

JavaScript 表达式与 JavaScript 语句有所不同。在编写 JSX 时，在{ }中不能使用语句，例如 if 语句、for 语句等都是不能使用的。有其他前端框架开发经验或者使用过一些前端模板的读者可能会问，在 React 中如何实现条件渲染和列表渲染呢？

解决这个问题则要回归 JSX 的本质。JSX 本质上是 JavaScript 的一种简化写法，我们只用 JavaScript 就可以表达条件渲染和列表渲染。其实 JSX 方式比模板更灵活更强大，因为模板语法的表达能力相对要弱一些，而 JSX 的表达能力要强大得多。

先来看如何实现条件渲染。我们可以把 if 语句放在函数中，然后在表达式中调用该函数，如下所示：

```
class HelloMessage extends React.Component{
  getName() {
    if (this.props.name)
        return this.props.name;
    else
        return "World";
  }
  render() {
    return <div>Hello {this.getName()}</div>
  }
}
ReactDOM.render(
  <HelloMessage name="React book" />,
  document.getElementById('root')
);
```

也可以在 JSX 标签外使用 if 语句来决定应该渲染哪个组件。来看一个例子，在这个例子中，我们将 JSX 本身作为表达式使用：

```
render() {
  let loginButton;
  if (loggedIn)
    loginButton = <LogoutButton />;
  else
    loginButton = <LoginButton />;

  return (
    <nav>
      <Home />
      {loginButton}
```

< 14 >

```
        </nav>
    )
}
```

上面的方式可以处理非常复杂的情况。对于一些简单的情况，我们建议直接采用三元操作表达式，因为这样可以让代码比较简短，如下所示：

```
render() {
    return <div>Hello {this.props.name?this.props.name : "World"}</div>;
}
```

也可以使用运算符"||"来实现相同的效果，如果左边的值为真，则直接返回左边的值；否则返回右边的值，与 if 的效果相同。

```
render() {
    return <div>Hello {this.props.name || "World"}</div>;
}
```

同样，可以使用"&&"来达到 if 语句的效果，如果左边为真，则表达式直接返回右边的值；否则相当于返回一个空表达式，不会有任何输出。

```
render() {
  let unreadMessages = this.props.unreadMessages;
  return (
    <div>
      <h1>Hello!</h1>
      {unreadMessages.length > 0 &&
      <h2>
          You have {unreadMessages.length} unread messages.
      </h2>
      }
    </div>
  );
}
```

4．列表渲染

接下来看一下 JSX 中如何实现列表渲染的功能。在 JSX 中，如果{}中包含的变量是一个数组，则会展开这个数组的所有成员，代码如下：

```
let books= [
  <h1>Hello React</h1>,
  <h1>Hello Vue</h1>,
  <h1>Hello Angular</h1>
];

ReactDOM.render(
  <div>{books}</div>,
  document.getElementById('root')
);
```

这样就可以使用 JavaScript 通过 for 语句，构建出一个数组，然后将数组作为表达式的值来使用。代码如下：

< 15 >

```
let books= [];
let names = ['React', 'Vue', 'Angular'];
for (let i = 0; i < names.length; i++)
  books.push(<h1>{names[i]}</h1>)

ReactDOM.render(
  <div>{books}</div>,
  document.getElementById('root')
);
```

这段程序虽然能运行，但是很遗憾，在控制台中我们会发现有这么一段警告信息：Each child in a list should have a unique 'key' prop。这就关系到了前面介绍 ReactElement 时所讲的 key 属性。为了便于 React 判断虚拟 DOM 的差异，我们要为列表中每个元素赋予一个唯一的 key 值。这里只做一个简单的修改，保证每个 key 的值不一样即可：

```
for (let i = 0; i < names.length; i++)
books.push(<h1 key={names[i]}>{names[i]}</h1>)
```

ES6 语法中的 map 是一个处理列表的好工具，我们推荐读者尽量使用 map 来处理列表。来看一个例子：

```
let names = ['React', 'Vue', 'Angular'];
ReactDOM.render(
  <ul>
      {names.map((name) =>
        <li key={name}>{name}</li>
      )}
  </ul>,
  document.getElementById('root')
);
```

学习先进的语法和技术，可以事半功倍，这就是我们要学习 React 和 ES6 的原因。

5．DOM 的属性

JSX 中可以直接为 DOM 的属性赋值。JSX 主要支持两种方式，一是直接为属性赋予特定的值，二是使用{ }将求值表达式的结果赋给属性。

先来看第一种情况的例子。下面的例子直接将 0 赋给 tabIndex 属性：

```
<div tabIndex="0"></div>
```

细心的读者已经发现，在 React DOM 中，属性名与 HTML DOM 中的属性名是有区别的。在 React 中，所有 DOM 属性命名都应该遵循 camelCased 风格，即首字母小写的驼峰命名法，这也是 React 的强制约定。例如，HTML 属性 tabindex 对应 React 属性 tabIndex，HTML 属性 readonly 对应 React 属性 readOnly。

对于第二种情况，可参照学习 JSX 表达式的相关内容。我们直接来看例子：

```
<img src={user.avatarUrl}></img>;
```

这里要注意的是，使用表达式做属性赋值时，请不要在{ }外面使用引号。如果使用了引号，

< 16 >

引号里面的内容将会按照字符串处理。本例中如果使用了引号，相当于将字符串{user.avatarUrl}赋给了 src 属性。

而相反，{}里面是可以使用引号的。在这种情况下，就是将字符串作为表达式的值赋给属性，如下面的例子：

```
<MyComponent message={'hello world'} />
```

另外说明一下，如果属性只声明不赋值，则该属性的默认值为 true，这点和 HTML 属性是一致的。例如，下面两行代码是等价的：

```
<MyTextBox autocomplete />
<MyTextBox autocomplete={true} />
```

6．延展属性

如果在设计阶段就能明确组件属性的话，写代码会很容易。例如 Component 组件有两个动态的属性 foo 和 bar：

```
let component = <Component foo={x} bar={y} />;
```

但实际上，有些属性没办法一开始就确定，只能后续添加，因此我们很可能会写出这样的代码：

```
let component = <Component />;
component.props.foo = x; // 错误
component.props.bar = y; // 错误
```

可惜，这样的写法是错误的，也无法达到想要的效果。因为在 React 的设定中，props 初始化后是不可变的。另外，即使是手动直接添加的属性，后续 React 也是没办法检查到属性类型错误的。

为解决在运行中增加属性的问题，React 引入了属性延展机制，如下面的例子：

```
let extProps= {};
extProps.foo = x;
extProps.bar = y;
let component = <Component {...extProps} />;
```

当需要增加组件的属性时，可定义一个延展属性对象，并通过{...extProps}的方式引入，React 会自动将 extProps 中的属性复制到组件的 props 属性中。注意这里的"…"是属性延展的特殊标识，ES6 中也使用"…"作为解构赋值中的剩余属性标识。

有时候需要覆盖延展属性中的原始属性值，则可以这样写：

```
let props = { foo: 'default' };
let component = <Component {...props} foo={'override'} />;
```

这里的顺序很重要：后面的会覆盖掉前面的。

< 17 >

7. 注释

在 JSX 中使用注释与 JavaScript 中一样，因为 JSX 本质上就是 JavaScript 的一部分。只需要注意一点：当注释作为独立子结点时需要用{}包起来，如下所示：

```
let content = (
  <Comp>
  {/* 独立注释，用{}包围 */}
  <User
      /*多
         行
         注释 */
      name="xiaoWang" // 行尾注释
  />
  </Comp>
);
```

1.5.3 JSX 转义工具

在实际运行前，JSX 代码会首先转义为等价的原生 JavaScript 代码，然后运行转义后的 JavaScript 代码。React 官方推荐的 JSX 转义工具是 Babel。早期版本使用 React 自带的 JSX 语法编译器 JSTransform 进行解析，现已不推荐使用。而 Babel 作为专门的 JavaScript 语法编译和转换工具，提供了更全面、更强大的功能，比如支持 ES6+等。

转义过程可以在开发阶段完成，也可以在运行时完成。为提高性能，建议在开发的最后阶段完成转义，再压缩后的程序代码部署到生产环境。如果不得不在运行时完成转义，则需要加入对 Babel 的引用，并将使用 JSX 语法的代码块或.js 文件的类型声明为 text/babel，如下例所示：

```
// 通过 CDN 引入 Babel，也可下载到本地后引入本地文件
<script src="https://unpkg.com/babel-standalone@6.15.0/babel.min.js"></script>
//将 JSX 代码块的类型设置为"text/babel"
<script type="text/babel">
        ReactDOM.render(
          <h1>Hello, world!</h1>,
          document.getElementById('root')
        );
</script>
// 将使用了 JSX 的.js 文件类型设置为"text/babel"
<script src="js/HelloComponent.js" type="text/babel"></script>
```

JSX 的转换还是有较大性能代价的，部署到线上的代码最好直接执行原生 JavaScript 代码，因此我们常常在离线环境下提前完成转义后再进行部署，这里就要使用到 Babel 离线转义工具，后面将会有相关的介绍。一般情况下，开发 React 会选用一个由工具自动生成的完整的脚手架，其中 Babel 和 JSX 的相关配置都是脚手架配置好的，开发人员一般不需要关心。

< 18 >

1.6 React 开发中的约定

在 React 开发中应有一些基本的约定，如单一根结点、组件名、保留字、行内样式等基本约定。

1.6.1 单一根结点

单一根结点是指 ReactDOM.render()函数中的 return 方法只能渲染一个根结点，即只能有一个父级标签。这个约定是强制的，因为虚拟 DOM 是树形结构，每个组件都对应的是一棵子树。

以下代码是错误的：

```
ReactDOM.render(
  <h1>React 开发</h1>
  <h1>学习这本书就够了</h1>,
  document.getElementById('root')
);
```

这种情况下，我们需要用一个大的标签将两个 h1 包含起来，例如用一个<div>标签作为根结点：

```
ReactDOM.render(
  <div>
    <h1>React 开发</h1>
    <h1>学习这本书就够了</h1>
  </div>,
  document.getElementById('root')
);
```

有些情况下，增加一个标签会带来负面影响，因此 React 提供了一种叫作 Fragment 的方法来解决这个问题。请看样例：

```
class Columns extends React.Component {
  render() {
    return (
      <React.Fragment>
        <td>name</td>
        <td>gender</td>
      </React.Fragment>
    );
  }
}
```

这样，使用 React.Fragment 包裹后，Columns 组件可以正确地嵌入如下的 Table 组件中，这里<tr>和<td>中间并不会增加额外的标签：

```
class Table extends React.Component {
  render() {
```

< 19 >

```
    return (
      <table>
        <tr>
          <Columns />
        </tr>
      </table>
    );
  }
}
```

1.6.2　组件名约定

为了便于 JSX 正确识别代码中是 HTML 标签还是自定义组件，React 约定 JSX 中出现的 HTML 标签名统一为小写字母，自定义组件名首字母统一为大写字母。这一点前面已经强调过，这里再次声明，请读者一定注意！

1.6.3　class、for 保留字

在 JSX 中声明的标签属性中，class 必须用 className 代替，因为 class 已经是 JavaScript 最新语法规范中的保留字。为避免编译器的混淆，JSX 中规定要使用 className 代替，如下所示：

```
<div className="myclass"...>
```

对于 JSX 中<label>标签的属性 for，必须用 htmlFor 代替，原因同上，如下所示：

```
<label htmlFor="my-for-text"...>
```

1.6.4　行内样式

在 React 中，行内样式 style 属性并不是以 CSS 字符串的形式出现的，而是一个特定的带有驼峰命名风格的 JavaScript 样式对象。这样的设计是为了与 DOM 中 style 的 JavaScript 属性保持一致，且有助于弥补 XSS（Cross Site Scripting，跨站脚本攻击）安全漏洞。在这个样式对象中，key 值是用驼峰形式表示的样式名，而其对应的 value 则是样式值，通常来说该样式值是个字符串。对于特定于浏览器的属性，其前缀除 ms（Microsoft，代表微软浏览器）首字母小写以外，其他浏览器符号的首字母都应该大写，如下所示：

```
let divStyle = {
  color: 'blue',
  backgroundImage: 'url(' + imgUrl + ')',
  WebkitTransition: 'all', //针对 Webkit 浏览器的样式，首字母是大写
  msTransition: 'all'        // 'ms'是针对微软浏览器的前缀，首字母是小写
};

ReactDOM.render(
  <div style={divStyle}>Hello world!</div>,
  document.getElementById('root')
);
```

< 20 >

或可写为如下形式。

```
ReactDOM.render(
  <div style={{
    color: 'blue',
    backgroundImage: 'url(' + imgUrl + ')',
    WebkitTransition: 'all',
    msTransition: 'all'
  }}>
  </div>,
  document.getElementById('root')
);
```

注意上面出现的{{{}}}并无特殊含义，外面的{}是嵌入 JSX 中的 JavaScript 表达式识别符号，里面的{}是 JavaScript 中对象的声明方式。

一般情况下，我们使用 className 来引用 CSS 文件中预定义的样式。className 也可以接受 JSX 表达式，也就是说我们可以根据组件的参数来选择使用哪个 CSS 样式。行内样式一般用来设定那些动态计算出来的样式值，例如根据页面高度计算并设置的某 div 高度等。

1.6.5　HTML 转义

有时，需要展示从后台获取的含有标签的富文本数据，如下所示：

```
let content='<strong>content</strong>';
ReactDOM.render(
    <div>{content}</div>,
    document.getElementById('root')
);
```

结果页面输出的结果却是：

```
<strong>content</strong>
```

出现这个现象是因为出于安全性考虑，React 默认不会进行 HTML 的转义，而是直接按照普通字符串处理。如果需要转义，则可以使用 dangerouslySetInnerHTML 属性，使用方法见下面的例子：

```
let content='<strong>content</strong>';
ReactDOM.render(
    <p>dangerouslySetInnerHTML={{__HTML: content}}></p>,
    document.getElementById('root')
);
```

1.6.6　自定义 HTML 属性

如果在编写 React 过程中针对 HTML 标签使用了自定义属性，正常情况下 React 是不会渲染的。如果要使用自定义属性，就需要给属性名加上 data-或 aria-前缀，如下所示：

```
ReactDOM.render(
    <div data-dd='xxx' aria-dd='xxx'>content</div>,
```

< 21 >

```
    document.getElementById('root')
);
```

这里需要提醒的是 HTML 5 中规定自定义属性 data-xx 中的"xx"部分要求都是小写字母，如果有大写字母则会报错。如果确实需要对"xx"部分进行分隔，可以考虑使用 data-firstpart-secondpart 这种方式。

对于自定义 React 组件，则没有上述限制，可以定义任意属性。

1.7 本章小结

本章主要介绍了 React 的基本原理、运行环境及 React 中独特的 JSX 语法。熟练掌握 JSX 的使用是 React 开发的基础，其中条件渲染和列表渲染是最常用的。另外，要注意 React 中 JSX 的一些特殊用法，如 for、class 保留字处理，HTML 转义等。

1.8 习题

1. 虚拟 DOM 中 React Node 有哪几种类型，哪种是最常见的?
2. 请构建一个包含 3 个子组件的组件，组件可以是任意形式。
3. 请将 1.2.4 小节中每秒更新显示时间的例子实现并运行，通过浏览器的调试工具观察浏览器 DOM 的变化情况，理解虚拟 DOM 的更新机制。
4. 下面这段 JSX 语句是否正确，如不正确，有哪些问题?

```
class={ if (!this.props.login) return 'hide' }
```

5. JSX 和 Java Script 是什么关系，它们是如何转换的?
6. 使用 JSX 实现显示一个整数数组中大于 10 的数字。

< 22 >

第 *2* 章　React 组件

前面我们已经初步认识了 React 组件，本章我们将继续更详细、更深入地学习 React 组件。组件是 React 大厦的砖块。我们只有熟练掌握组件的开发方法，才能构建起 React 这座大厦。

2.1　组件的定义

组件是 React 开发的基本单元，其内部功能相对独立和完整。组件叠加和组合可实现复杂功能，React 的代码重用也是以组件为基本单位的。

React 组件可以看作带有 props 属性集合和 state 状态集合并且返回虚拟 DOM 结构的对象，其核心是 render() 函数。props 保存组件的初始属性数据，state 保存组件的状态数据，render() 函数的主要职责就是根据 state，并结合 props，进行组件的虚拟 DOM 的构建。React 的本质特点也在这里体现：render() 只需要考虑根据状态生成对应的虚拟 DOM，其他所有工作（包括对变化的响应、重新渲染到浏览器等）均由 React 自动完成。所有变化均由状态的变更引发，状态的变更则通过调用组件实例的 setState() 函数完成。

React 组件是使用 ES6 中的继承方式，通过继承 React.Component 来定义的，举例如下：

```
class HelloComponent extends React.Component {
  render() {
    return <h1>Hello world</h1>;
  }
}
```

这里通过继承 React.Component 类来创建一个 React 组件类，继承是 JavaScript 语言的 ES6 新特性。本书后面的内容全部使用 ES6 方法来创建组件，建议读者在前端开发中也尽量使用 ES6 的新语法和新特性。

在早期，React 使用过核心 API（即 React.createClass() 函数）来声明组件，如下所示：

```
var HelloComponent = React.createClass({
  render: function() {
    return <h1>Hello world</h1>;
  }
});
```

现在 React 已经放弃了这种方法，甚至将 React.createClass()函数从核心 API 中移除。现在要使用这种方法定义组件，还需要引入额外的 create-react-class 库才行，具体实现方式如下：

```
var createReactClass = require('create-react-class');
var Greeting = createReactClass({
  render: function() {
    return <h1>Hello world</h1>;
  }
});
```

2.1.1 props

props 是组件初始属性的集合，其在组件的生命周期中都是只读的，这是由 React 的 API 设计决定的。属性的初始值通常由父组件通过 React.createElement() 函数或者 JSX 中标签的属性值进行传递，并合并到组件实例对象的 this.props 中。事实上组件从外部接收固有信息的主要渠道就是 props 属性，如下所示：

```
class HelloComponent extends React.Component{
  render() {
    return <div>{'Hello ' + this.props. myattr }</div>;
  }
};

ReactDOM.render(<HelloComponentmyattr="world"/>, mountNode);
```

或：

```
ReactDOM.render(React.createElement(HelloComponent , {myattr:'world'}), mountNode);
```

此外，props 中也会包含一些由 React 自动填充的数据，比如 this.props.children 数组。该数组中包含本组件实例的所有子组件，由 React 自动填充。如果需要的话，还可以通过配置实现 this.props.context 数组，以跨级包含上级组件的数据。

在组件的内部逻辑中，不应修改 props 中的值。事实上，即使要在组件外修改也很麻烦，并且没有必要因此跳出当前组件，去找到外部组件的实例。通常，我们认为相对固定的、组件内只读的、应由父组件传递进来的属性适合放在 props 集合中，如组件的类名、颜色、字体事件响应回调函数等。

最后需要说明的是，在使用 React.Component 创建组件并实现构造方法时，应在其他语句之前调用 super(props) 函数。否则，this.props 在构造方法中可能会出现未定义的错误，如下所示：

```
class HelloBox extends React.Component{
  constructor(props) {
    super(props);
    ...
  }
}
```

< 24 >

2.1.2　state

前面我们接触的 React 组件主要都是静态输出型的，但是组件总是要与用户互动的，从本小节开始我们将进入一个动态的 React 世界。

React 的又一大创新是将界面组件看成是一个状态机，用户界面拥有不同状态，React 根据状态决定渲染输出，用户界面和数据始终保持一致。因此开发者的主要工作就变成了定义状态（state），并根据不同的 state 渲染对应的用户界面。

在组件设计前期，就要有意识地分清组件的哪些属性应该放在 props 集合中，哪些属性应该放在 state 集合中。props 与 state 的区别是 props 不能被其所在的组件修改，从父组件传进来的属性不会在组件内部更改；state 则只能在所在的组件内部更改，或通过外部调用 setState()函数对状态进行间接修改。

通知 React 组件的状态发生变化的正确方法是调用成员函数 setState(data, callback)。这个方法会将 data 合并到 this.state 中，并重新渲染组件。渲染完成后，调用可选的 callback 回调。一般情况下不需要提供 callback，因为 React 本身的主要工作就是把界面更新到最新状态。

下面我们来看一个小例子：画出一个文本框和一个按钮（button）。该例效果是通过单击 button 改变文本框的编辑状态，在禁止编辑和允许编辑两种状态之间切换。我们可以通过这个例子来理解 React 的状态机制，代码如下所示：

```
class TextBoxComponent extends React.Component {
  constructor(props) {
    super(props);
    this.state = {
      enable: false
    };
  }

  handleClick(event){
    this.setState({enable: !this.state.enable})
  }
  render() {
    return (
      <p>
        <input type="text" disabled={!this.state.enable}/>
        <button onClick={this.handleClick.bind(this)}>{this.state.enable?'禁
        用编辑':'启用编辑'}</button>
      </p>
    );
  }
}
ReactDOM.render(
  <TextBoxComponent/>,
  document.getElementById("root")
);
```

< 25 >

运行效果如图 2-1 所示。

图 2-1　初始显示效果

单击按钮后效果如图 2-2 所示。

图 2-2　单击按钮后显示效果

分析上述过程，在 constructor() 函数中定义组件的初始状态，构造函数会在组件初始化的时候执行。在组件的各个函数中，可以通过 "this.state.属性名" 来访问属性值。该例中我们将 enable 的值与 input 的 disabled 属性绑定，当要修改这个属性值时，要使用 setState() 函数。我们声明 handleClick() 函数，并将其绑定到 button 上，改变 state.enable 的值，关于这一点后续章节会深入介绍。当用户单击 button 时，状态会变化，这时调用 this.setState() 函数修改状态值。每次修改以后，render() 会被自动调用，从而再次渲染组件。

在这个示例中，在文本框中输入任意文本，然后禁用文本框，可以发现文本框中原来输入的文本并没有消失，这说明 React 并没有重新渲染整个 input，只是更改了 input 的属性值。这也是 React 局部更新的体现。

这里有以下几点需要注意。

（1）访问 state 数据的方法是 this.state.属性名。

（2）在构造函数中可以使用 "this.state.状态名=值" 进行 state 初始化，不应该使用 setState() 进行初始化。

（3）更改 state 的正确方法是调用 setState()，而不是通过 "this.state.状态名=新值" 这样的赋值语句。即使这样直接赋值，React 也不会重新翻译。

（4）setState()可能是异步的，调用之后可能并不会立即更改，React 会在合适的时机完成更改，因为 React 可能会批量更新来提高性能。所以 setState()调用之后是不能保证立即得到 state 最新值的，但可以通过传入回调函数，在回调函数中获得最新的 state 值。

2.1.3　render()

render() 成员函数是组件的核心，也是必须要实现的方法。render() 函数的主要流程是检测 this.props 和 this.state，再返回一个由 React Element 构成的组件实例，也可以返回 null 或者 false 来表明不需要渲染任何东西，这时 React 会对应渲染一个<noscript>标签。

render() 函数应该是纯粹的。也就是说，在 render() 函数中仅仅是根据输入得到输出，而不应修改组件 state，不应读/写 DOM 信息，也不应和浏览器交互（例如使用 setTimeout）。如果确实需要和浏览器交互，那就在 componentDidMount() 方法中或者其他生命周期方法中进行，后面会介绍。

有以下几点需要注意。

< 26 >

（1）React 组件只能渲染单个根结点。如果想要返回多个结点，它们必须在同一个大结点里。

（2）从 render() 中返回的内容并不是实际渲染出来的组件实例，而仅仅是子组件层级树实例在特定时间的一个描述，相当于是一个快照。

2.2　有状态组件与无状态组件

无状态组件是没有 state 也没用任何生命周期事件或方法的简单组件。这样的组件只有一个目的，就是渲染视图，即输入仅为 props，输出为页面的简单映射。

除了通过继承 React.Component 的方式声明无状态组件外，React 还为无状态组件提供了一个更简单的声明方式，即函数式组件声明，如下所示：

```
function Welcome(props) {
  return <h1>Hello, {props.name}</h1>;
}
```

这种声明方式直接将 props 作为函数参数，不再需要使用 this.props 获得属性值。组件成为了一个以接收到的 props 作为参数、以 JSX 表达式作为返回值的函数，甚至可以将 Welcome 作为一个普通函数来使用，如下所示：

```
ReactDOM.render(
  <div>{Welcome({name:'React'})}</div>,
  document.getElementById('root')
);
```

在 React 中，使用无状态组件与正常组件没有任何区别，如下所示（再次强调，函数名作为组件名时，首字母必须大写）：

```
ReactDOM.render(
  <Welcome name="React"/>,
  document.getElementById('root')
);
```

React 中也可以用箭头函数做声明，函数内可以定义和调用函数。无状态组件也可以表达复杂的内容，仅仅是不能有状态而已，如下所示：

```
const Welcome = (props) => {
  const sayHi = () => {
    alert('Hi ${props.name}');
  }

  return (
    <div>
      <h1>Hello, {props.name}</h1>
      <button onClick={sayHi}>Say Hi</button>
    </div>
  )
}
```

< 27 >

无状态组件的特点是可预测性，因为 props 直接决定了输出，因此更易维护和调试。考虑到无状态组件的优点，在 React 开发中应尽可能多地使用无状态组件，尽可能少地使用有状态组件，这就涉及如何合理规划设计组件的 props 和 state。下面讲解如何设计组件的 state。

2.2.1　哪些组件应该有 state

大部分组件的原始数据应该是来自 props 的。只有需要对用户输入、服务器请求或者时间变化等做出响应并暂存中间状态时才需要使用 state。

常见模式是创建多个只负责渲染数据的无状态组件，在它们的上层创建一个有状态组件，并把它的 state 通过 props 传给子级。这个有状态组件封装了所有用户的交互逻辑，而这些无状态组件则负责声明式的渲染。

2.2.2　哪些数据应该放入 state 中

state 应该包括那些可能被组件的事件处理程序改变并触发用户界面更新的数据。实际场景中，这种数据一般都很小且能被 JSON 序列化。当创建一个状态化的组件时，想象一下表示它的状态最少需要哪些数据，并只把这些数据存入 state 中。在 render() 中，再根据 state 计算所需要的其他数据。如果在 state 中添加冗余数据或计算所得数据，那么需要经常手动保持数据同步，就无法让 React 自动处理了。

2.2.3　哪些数据不应该放入 state 中

state 应该只包含能描述用户界面状态的最小数据集。因此，它不应该包含以下几种数据。

（1）计算所得数据。没有必要把计算所得数据放在 state 中。把计算过程都放到 render() 中更容易保证用户界面和数据的一致性。例如，state 中有一个数组（items），我们要渲染输出数组的长度值，直接在 render() 中使用 this.state.items.length 即可，没有必要预先计算出它的长度并把长度值变量放到 state 中。

（2）React 组件。在 state 中不应该包含 React 组件，而应该在 render() 中创建 React 组件。

（3）基于 props 的重复数据。尽可能使用 props 作为唯一数据来源。有时候也可以把 props 保存到 state 中，比如在翻译的时候需要知道它以前的 props 值，以进行对比。

2.3　ref 引用

前面在 1.2.3 小节中介绍 React 元素时，提到过 ref。在本节中，主要介绍如何使用 ref。通过 ref，我们可以直接获得 DOM 结点或者 React 元素实例。

一般情况下，React 都是通过 props 和 state 来控制或者渲染组件和 DOM 的，而不是直接操作组件和 DOM。但有些情况下，我们不得不这么做，这样的场景包括但不局限于以下几种：

< 28 >

（1）管理输入的焦点、选择文本；

（2）控制媒体播放；

（3）和其他第三方组件库集成；

（4）触发一些动画；

（5）在非受控组件中获取输入的值。

需要说明的是，要尽量避免或者限制使用 ref，因为它不符合 React 的思想。在使用 ref 之前，请花一点时间，认真考虑一下是否可以通过 props 和 state 来完成同样的工作。例如，对于一个对话框，最优的方案是通过 isOpen 属性控制对话框的显示和关闭，而不是通过 ref 引用来调用 open() 和 close() 函数。

ref 目前主要有三种创建方式，下面分别展开介绍。

2.3.1　React.createRef() 方式

ref 可通过 React.createRef()这个 API 创建，这是一个较新的 API，代码如下：

```
class RefComponent extends React.Component {
  constructor(props) {
    super(props);
    this.textInput= React.createRef();
  }
  render() {
    return <inputtype="text"ref={this.textInput} />
  }
}
```

使用时，通过该 ref 的 current 属性获取 ref 对应的引用，如下所示：

```
const node = this.textInput.current;
```

此时，可以对该 DOM 或者 React 元素进行相关操作，例如聚焦 focus()函数：

```
node.focus();
```

关于 ref 的使用需注意以下几点。

（1）对 HTML 元素的 ref 引用，current 获得的是底层 DOM 元素。

（2）对自定义组件的 ref 引用，current 获得的是组件实例。

（3）函数方式声明的组件不能引用，因为这样声明的组件没有实例。

（4）只有渲染之后的元素才可以获得引用的实例。

通过 React.createRef() 方式使用 ref 引用是 React v16.3 新增加的 API，旧的方式目前依然可以使用。

2.3.2　回调方式

回调方式是一种比较推荐的方式，这种方式可以更精细地控制 ref 何时被设置和解除。其用法是：给 ref 属性传递一个函数，这个函数中以 React 组件实例或 HTML DOM 元素作为参数，并

< 29 >

在函数中将其存储到其他地方，以便在其他地方使用。其代码如下：

```
class FocusInput extends React.Component {
  constructor(props) {
    super(props);
    this.textInput = null;
    this.focusTextInput = () => {
      // 调用 DOM 的原生 API
      if (this.textInput) this.textInput.focus();
    };
  }

  componentDidMount() {
    // 组件挂载后，让文本框自动获得焦点
    this.focusTextInput();
  }

  render() {
    return (
<div>
<input type="text" ref={ref => this.textInput = ref}/>
<input type="button" value="Focus" onClick={this.focusTextInput}/>
</div>
    );
  }
}
```

回调引用方式的好处是，React 在组件挂载时，会调用 ref 回调函数并传入组件实例或 DOM 元素；当卸载时调用它并传入 null 值。这样在 componentDidMount() 或 componentDidUpdate() 生命周期事件触发前，React 会保证 ref 一定是最新的。

2.3.3 字符串方式

字符串方式即 String Ref 方式，是旧的使用方式，现在依然能使用，但是在未来的某个版本开始，React 也许会将这种方式废弃，所以应尽量避免使用。它的使用一般分以下两步。

（1）在 render() 中，元素要有以驼峰风格命名的 ref 属性，如下所示：

```
<input ref="helloRef" type="text"/>
```

（2）在其他方法中，访问 DOM 实例的命名的引用如下所示：

```
let node= React.findDOMNode(this.refs.helloRef); //获取 input 实例
let nodeValue = node.value;                       //获取 input 的值
```

2.4 props 属性验证

有时候我们希望对父级组件传递进来的属性数据进行限定，比如希望不能缺少 name 属性、

< 30 >

onClick 属性必须是函数类型等，这对确保组件被正确使用非常重要。为此 React 引入了 propTypes 属性，React.PropTypes 提供各种验证器（validator）来验证传入数据的有效性。当向 props 中传入无效数据时，React 会在 JavaScript 控制台输出警告。下面举例说明各类验证器的使用方法：

```
import PropTypes from 'prop-types';
class MyComponent extends React.Component{...//省略}

MyComponent.propTypes = {
  // 限定属性为 JavaScript 基本类型。默认情况下，这些属性是没有限制的
  optionalArray: PropTypes.array,
  optionalBool: PropTypes.bool,
  optionalFunc: PropTypes.func,
  optionalNumber: PropTypes.number,
  optionalObject: PropTypes.object,
  optionalString: PropTypes.string,
  optionalSymbol: PropTypes.symbol,

  // 任何可被渲染的元素（包括数字、字符串、子元素或数组）
  optionalNode: PropTypes.node,

  // 一个 React 元素
  optionalElement: PropTypes.element,

  // 也可以声明属性为某个类的实例，这里使用 JavaScript 的 instanceof 操作符实现
  optionalMessage: PropTypes.instanceOf(Message),

  // 也可以限制属性值是某个特定值之一
  optionalEnum: PropTypes.oneOf(['News', 'Photos']),

  // 限制它为列举类型之一的对象
  optionalUnion: PropTypes.oneOfType([
    PropTypes.string,
    PropTypes.number,
    PropTypes.instanceOf(Message)
  ]),

  // 一个指定元素类型的数组
  optionalArrayOf: PropTypes.arrayOf(PropTypes.number),

  // 一个指定类型的对象
  optionalObjectOf: PropTypes.objectOf(PropTypes.number),

  // 一个指定属性及其类型的对象
  optionalObjectWithShape: PropTypes.shape({
    color: PropTypes.string,
    fontSize: PropTypes.number
  }),
```

< 31 >

```
// 也可以在任何 PropTypes 属性后面加上 'isRequired' 后缀，这样如果这个属性的父组件没有
提供，则会打印警告信息
requiredFunc: PropTypes.func.isRequired,

// 任意类型的数据
requiredAny: PropTypes.any.isRequired,

// 自定义验证器的例子。它应该在验证失败时返回一个 Error 对象而不是 'console.warn' 或抛出异常
// 不过在 'oneOfType' 中它不起作用
customProp: function(props, propName, componentName) {
    if (!/matchme/.test(props[propName])) {
        return new Error(
          'Invalid prop '' + propName + '' supplied to' +
          ' '' + componentName + ''. Validation failed.'
        );
    }
},

// 一个自定义的 'arrayOf' 或 'objectOf' 验证器，在验证失败时返回一个 Error 对象。常用于
验证数组或对象的每个值。验证器前两个参数的第一个是数组或对象本身，第二个是它们对应的键
customArrayProp: PropTypes.arrayOf(function(propValue, key, componentName,
location, propFullName){
    if (!/matchme/.test(propValue[key])) {
        return new Error(
          'Invalid prop '' + propFullName + '' supplied to' +
          ' '' + componentName + ''. Validation failed.'
        );
    }
})
};
```

要注意考虑性能因素，React 只在开发环境下验证 propTypes，运行环境下 propTypes 不起作用。

2.5 组件的其他成员

在使用 React.createClass()方式定义组件时，React 还提供了其他一些有用的属性和函数，这些属性和函数均是可选的。

虽然我们现在使用 ES6 的方式定义组件，其中有些函数已经失效，但了解相关逻辑还是有用的，例如初始化状态、设置默认值等，同时，针对失效情况我们也会介绍对应的解决办法。

1．displayName

displayName 用于在调试中显示自定义的名称。通常 React 会根据组件名或函数名自动设置 displayName 值。

< 32 >

2．getInitialState()

getInitialState()函数在组件初始化的时候执行，用于对本组件实例的 state 进行初始化，然后返回一个对象或者 null。getInitialState()函数返回的对象会自动合并到 this.state 上。

该函数在 ES6 定义组件时不能使用，在 ES6 中，通常在 constructor()构造函数中完成 state 的初始化。在 constructor()函数中不要调用 setState()函数，而应该直接在构造函数中为 this.state 赋值初始化 state，如下所示：

```
constructor(props) {
  super(props);
  // 不要在这里调用 this.setState()
  this.state = { counter: 0 };
}
```

3．getDefaultProps()

getDefaultProps()函数用于设置属性默认值，在组件类创建的时候调用一次，然后返回值被缓存下来。如果父组件没有指定 props 中的某个属性，则此处返回的对象中的相应属性将会合并到 this.props 上。

该函数在任何实例创建之前调用，因此不能依赖于 this.props。另外，getDefaultProps()函数返回的任何复杂对象将会在实例间共享。

在 ES6 创建组件时，要使用 defaultProps()属性来设置默认值，如下所示：

```
class CustomButton extends React.Component {
  // ...
}
CustomButton.defaultProps = {
  color: 'blue'
};
```

其中，如果未提供 props.color，则默认设置为'blue'，如下所示：

```
render() {
  return <CustomButton /> ; // props.color 将设置为 'blue'
}
```

4．mixin()

mixin()函数组用于定义在多个组件之间共享的函数代码。在组件的 mixin()中定义的函数会自动合并，成为组件的成员函数。有时，不同组件之间可能会共用一些功能及共享部分代码，使用 mixin()就能很好地满足这种需要。

ES6+中不支持 mixin()，还是因为有了更好的替代方法，后面会详细介绍。

< 33 >

2.6 本章小结

本章介绍了 React 组件的基本概念、组件的组成，并对组件的状态进行了讨论。React 组件的重点是 props、state 和 render()函数，需要读者熟练掌握。除此之外，本章还介绍了 ref 引用的使用方法。

2.7 习题

1. 使用状态实现 1.2.4 小节中每秒更新显示时间的例子。
2. 使用 setState() 时应该注意什么，在哪些地方可以使用，哪些地方不可以？
3. 请实现一个父子组件，其中父组件为有状态组件，子组件为无状态组件，父组件通过 props 把它的 state 传给子组件。

< 34 >

第3章 组件的生命周期函数

本章我们学习 React 组件生命周期的相关知识。组件是被创建出来的，其也会被销毁，从创建到销毁就是一个组件完整的生命周期。React 提供了丰富的生命周期函数，可以让开发者更方便、更灵活地控制组件的行为。

3.1 生命周期函数

React 组件的生命周期可以分为 3 个阶段，分别是挂载、更新、卸载阶段。在挂载阶段，组件被实例化并挂载到浏览器 DOM 上。在卸载阶段，组件从浏览器 DOM 中移除。挂载阶段和卸载阶段之间是更新阶段。在更新阶段，组件的属性或状态可能发生多次变化，例如组件可能被重新渲染多次。

React 提供了一整套基于生命周期事件的函数来控制组件的相关行为。每一个 React 组件都有自己的生命周期，组件在不同的生命周期中会触发不同的事件。事件被触发时，React 会调用相应的函数，这些函数就叫作组件的生命周期函数。用户可以按照约定，自行实现组件的生命周期函数，增强组件的能力，甚至修改组件的行为。

按照生命周期的 3 个阶段，可以将 React 组件的生命周期函数分为 3 种类型。

（1）挂载函数：在组件挂载时被调用，即在组件实例被挂载到浏览器 DOM 结点时被调用。挂载函数只会被调用一次。

（2）更新函数：在组件更新时被调用，即在组件实例有属性或状态更新时被调用。更新函数只在每次更新时会被调用，因此在一个生命周期内，更新函数可能不会被调用，也可能会被调用多次。

（3）卸载函数：在组件卸载时被调用，即在组件实例从浏览器 DOM 中卸载时被调用。卸载函数和挂载函数类似，仅被调用一次。

图 3-1 为 React 官方关于生命周期函数的示意图。从这个图中可以清楚地看到，当组件挂载、更新、卸载时，React 都调用了哪些函数，后面我们将逐一对每个函数进行讲解。

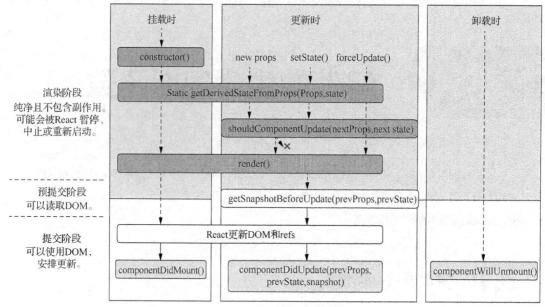

图 3-1　React 组件的生命周期函数

这里我们回顾一下前面介绍过的 React Fiber 架构。DOM 的更新分为比较和提交两个阶段，我们对应一下图 3-1 的左侧部分，重点讨论一下生命周期函数使用中要特别注意的事项。

（1）从图 3-1 左侧可以看出，每个完整的生命周期事件都要经过渲染、预提交和提交三个阶段，有时候我们可以把预提交和提交两个阶段统称为提交阶段。这三个阶段在 Fiber 架构上的执行方式是不同的。

（2）生命周期事件的渲染阶段对应 Fiber 的比较阶段，这个阶段的生命周期函数都是与虚拟 DOM 的差异比较相关的，而且这个阶段可能会暂停、终止或者重新启动，这可能导致的问题就是该阶段的生命周期函数可能会执行多次，因此这一阶段的生命周期函数必须都是纯函数，即同样的输入要得到同样的输出，也就是没有副作用。需要特别强调的是，前面讲的挂载和卸载函数只被调用一次，并不意味着只执行一次。一次调用，Fiber 可能会安排多次执行。

（3）生命周期事件的预提交和提交阶段对应的是 Fiber 的提交阶段，这个阶段的特点是所有函数均为一次性执行，且会一直占用主线程，直到结束。所以这个阶段的生命周期函数要尽量轻量，这样才能使占用主线程的时间尽量少，使用户体验更加流畅。

3.2　挂载函数

在挂载阶段，首先组件实例被创建，然后该组件实例被插入浏览器 DOM 中，其生命周期方法按照如下顺序各调用一次：constructor()→static getDerivedStateFromProps(props, state)→render()→componentDidMount()。

其中 render() 就是我们在第 1 章中学习过的渲染函数，本章不再重复介绍，主要介绍其他函数。

< 36 >

1．constructor()

constructor() 是组件的构造函数，该函数在组件实例创建时调用。该函数并不是 React 特有的，而是 ES6 中 class 的构造函数。该函数用于对本组件实例的 state 进行初始化，填充 state 初始数据，赋予组件实例默认值。constructor() 的另一个常见用法是在构造函数中为事件处理函数绑定实例，相关内容会在下一章学习。

如果不用初始化 state 或不进行函数绑定，则不需要为 React 组件实现构造方法。

2．static getDerivedStateFromProps(props, state)

static getDerivedStateFromProps(props, state)函数在 render() 被调用之前首先被调用。若它的返回值是对象，则将被用于更新 state；若是 null，则不触发 state 的更新。

请注意，static getDerivedStateFromProps(props,state)函数是一个静态函数，也就是这个函数不能通过 this 访问到组件实例的属性，而应该通过参数提供的 props 以及 state 进行处理。在挂载阶段，该函数通常的用法是，根据父组件传入的 props 来完善初始化 state，render() 可以得到更新后的 state。

3．componentDidMount()

在 render() 函数被调用后，并且浏览器 DOM 被渲染之后，componentDidMount() 方法会被调用。此时的浏览器 DOM 已经被创建。

通常我们在这个函数里进行 state 数据的请求和填充，比如通过 AJAX 请求获取后台数据，并更新 state。

由于 componentDidMount() 函数发生在渲染之后，我们在这个函数中是可以获得任何子组件引用的，例如通过 ref 的方式获得对应的 DOM 元素或者组件实例。componentDidMount() 函数中会对浏览器 DOM 做进一步的修改或其他操作。所以，如果要和其他 JavaScript 框架（如 jQuery）集成，这个方法是最佳场所。

3.3 更新函数

在组件的更新阶段，组件的初始化过程已经结束，对应的浏览器 DOM 也已经生成。该阶段主要关注的是对鼠标单击等用户事件的响应。对事件的响应通常会引发 state 的改变，进而导致组件的界面被刷新。组件更新时的生命周期函数调用顺序如下：static getDerivedStateFromProps(props, state)→shouldComponentUpdate(nextProps, nextState)→render()→getSnapshotBeforeUpdate(prevProps, prevState)→componentDidUpdate(prevProps, prevState, snapshot)。

1．static getDerivedStateFromProps(props, state)

在更新阶段，static getDerivedStateFromProps(props, state) 函数会在每次接收到新的 props 或在每次 state 变化时被调用，或用户手动调用 forceUpdate() 函数进行强制更新时被调用。该函数的调用总是发生在 render() 函数之前。该函数在挂载阶段会运行一次，后续更新时每次翻译前都会被

< 37 >

调用，可能被调用很多次。它应返回一个对象来更新 state，如果返回 null 则不更新任何内容。

请注意该函数的使用场景，即 state 的值的变化在任何时候都只取决于 props 的值，而不应该在其他场合发生变化。例如下面这个例子，就是根据 props 的新值来计算 state。这个例子中 state 中的两个属性，只跟新的 props 中的 currentRow 有关，只有 props.currentRow 变化时才有可能会变化。代码如下所示：

```
class ExampleComponent extends React.Component {
    state = {
        isScrollingDown: false,
        lastRow: null,
    }; //初始化 state

    static getDerivedStateFromProps(props, state) {
        if (props.currentRow !== state.lastRow) {
            return {
                isScrollingDown: props.currentRow> state.lastRow,
            lastRow: props.currentRow,
            };
        }
        return null; // 返回空，不更新 state
    }
    //...
}
```

2．shouldComponentUpdate(nextProps, nextState)

重新调用 render() 并不意味着浏览器 DOM 会更新。通常 React 会自动根据组件的虚拟 DOM 是否发生变化来决定浏览器 DOM 是否需要变更，但这个比对过程也是有代价的。

该函数给了用户手动控制组件是否需要更新的机会。该函数在渲染前被调用，如果该函数返回 false，则组件的 render()、componentDidUpdate() 调用均会被忽略。但是该函数在挂载阶段首次渲染和调用 forceUpdate() 时不会被触发。

该函数接收两个参数，分别是 nextProps 和 nextState，表示新的 props 和新的 state。如果用户能确定新的 props 和 state 不会导致组件更新，则可选择在 shouldComponentUpdate() 中返回 false，这样可以避免不必要的性能消耗，这在某些时候可以作为一种有效的优化手段，如下所示：

```
shouldComponentUpdate(nextProps, nextState) {
  return nextProps.id !== this.props.id;
}
```

如果 shouldComponentUpdate() 返回 false，则 render() 将不会执行，直到下一次 state 改变。另外，componentDidUpdate() 函数也不会被调用。

通常情况下，此函数仅作为性能优化的方式而存在，一般场景下建议 shouldComponentUpdate() 总会返回 true，总是假定 state 在改变并通过对比逻辑进行更新。如果组件运行中 props、state 保持不变，且在 render() 中只是读取 props 和 state 的值，这个时候自行实现 shouldComponentUpdate() 函数可以有效提高性能。所以只有确实遇到了性能瓶颈，尤其是有几十个甚至上百个组件的时候，才可以考虑小心地使用 shouldComponentUpdate() 以提升应用的性能，但仍需要仔细确认能否带来

< 38 >

明显的性能提升，并且不会引发逻辑上的混乱。

3．getSnapshotBeforeUpdate (prevProps, prevState)

getSnapshotBeforeUpdate (prevProps, prevState)函数在最近一次渲染输出（提交到 DOM 结点）之前调用。在该函数中，新 DOM 是只读的，即可以读取但无法使用新的 DOM。这为用户提供了一个在可能发生的更改之前从 DOM 捕获一些信息（例如滚动位置）的机会。该函数应返回 snapshot 的值（或 null），返回值将作为参数传递给 componentDidUpdate()。

4．componentDidUpdate(prevProps, prevState, snapshot)

在组件更新完成且浏览器 DOM 已同步更新之后，componentDidUpdate(prevProps, prevState, snapshot)函数被调用。该函数不会在挂载阶段首次渲染时调用。使用该函数可以在组件更新之后操作 DOM 元素。

componentDidUpdate() 可以接收 getSnapshotBeforeUpdate() 的返回值作为一个参数。

getSnapshotBeforeUpdate() 一般不常用到。这里给出一个例子，在 getSnapshotBeforeUpdate() 获取滚动位置并向 componentDidUpdate() 传递该值，如下所示：

```
getSnapshotBeforeUpdate(prevProps, prevState) {
    // 根据 length 判断是否要添加新的 items 到列表
    // 捕捉滚动位置，以便我们可以稍后调整滚动
    if (prevProps.list.length< this.props.list.length) {
        const list = this.listRef.current;
        return list.scrollHeight - list.scrollTop;
    }
    return null;
}

componentDidUpdate(prevProps, prevState, snapshot) {
    // 如果这里有 snapshot 值，表明已经添加了新的 items
    // 调整滚动，使这些新的 items 不会将旧的 items 推出视图
    // 这里的 snapshot 是 getSnapshotBeforeUpdate()函数的返回值
    if (snapshot !== null) {
        const list = this.listRef.current;
        list.scrollTop = list.scrollHeight - snapshot;
    }
}
```

这个例子适用于一些聊天程序，新的消息总是出现在最上方，而我们的滚动条在中间某个位置。如果不根据内容调整滚动位置的话，窗口内的内容将会不断被新消息挤下来。所以只能取出 DOM 更新前的位置，然后在 DOM 更新后设置新的滚动位置。

3.4 卸载函数

在卸载阶段，组件从浏览器 DOM 中解绑或移除。组件卸载时回调函数只有一个：

< 39 >

componentWillUnmount()。

    componentWillUnmount() 函数在组件从 DOM 中移除之前被调用。在该函数中，执行任何必要的清理，比如删掉无效的定时器或者 componentDidMount() 中创建的 DOM 元素。该函数并不能阻止组件的卸载，所以不要在该函数中试图阻止组件卸载。

3.5 简单示例：数字时钟

    在 1.2.4 小节我们给出过一个每秒渲染并显示当前时间的例子，这里使用生命周期函数，结合 state 来实现。这种实现也是 React 推荐的实现方式，如下所示：

```
class Clock extends React.Component {
  constructor(props) {
    super(props);
    this.state = {date: new Date()};
    this.title = React.createRef();
  }

  componentDidMount() {
    // 通过 ref 方式可以实现与 jQuery 的集成
    let titleEl = this.title.current;
    $(titleEl).html("Hello React").click(() => {alert("click title")});

    // 这里设定 100ms tick 更新一次时间，即每秒更新 10 次
    this.timerID = setInterval(() => this.tick(),100);

  }

  shouldComponentUpdate(nextProps, nextState) {
    // 秒数不一样时才进行渲染，所以 tick 运行 10 次才渲染一次，减少渲染次数
    if (nextState.date.toLocaleTimeString() === this.state.date.toLocale
    TimeString())
      return false;
    return true;
  }

  componentDidUpdate() {
    // 渲染时输出，我们可以看到并不是每次 tick 都会渲染
    console.log('DOM updated');
  }

  componentWillUnmount() {
    // 卸载时清除 interval
    clearInterval(this.timerID);
  }
```

< 40 >

```
tick() {
  console.log('tick');
  this.setState({
    date: new Date()
  });
}

render() {
  return (
    <div>
      <h1 ref={this.title}>Hello, world!</h1>
      <div ref={this.div}>现在是 {this.state.date.toLocaleTimeString()}.</div>
    </div>
  );
}
}

ReactDOM.render(
  <Clock />,
  document.getElementById('root')
);
```

3.6 本章小结

本章介绍了 React 组件的完整生命周期和相应的生命周期函数。熟练掌握组件的生命周期函数是非常有必要的，它是我们编写组件及控制组件的基础。

3.7 习题

1. 通过 AJAX 从服务器为组件请求数据，应该如何实现？

2. 卸载事件通常用于内存清理，如果不清理会怎样？

3. 请了解 v15 版 React 中有哪些生命周期事件，与本书中 v16 版对比，并解释 React 为何做出这些改进。

< 41 >

第 *4* 章　组件事件处理

通过前面的学习，我们已经了解了如何构造并渲染无交互的视图。到这个阶段，基本可以独立完成一些复杂的页面展现了。之前也涉及了简单的交互，例如 onClick，但这是远远不够的。本章我们将详细探讨如何与用户交互，即如何响应用户的操作。

其实，React 在构建虚拟 DOM 的同时，还构建了自己的事件系统，用于响应用户的事件。这个事件系统与真实浏览器所遵循的 W3C 规范保持一致。具体来说，React 的所有事件对象和 W3C 规范都保持一致，并且所有的事件（包括提交事件）冒泡都正确地遵循 W3C 规范，这使事件在不同浏览器上有一致的表现。

稍微有些不同的是，onChange 事件在某些地方会和现有的浏览器表现不一致。事实上这种改变是 React 的一种改良，使概念更清晰，后面在学习表单时将详细说明这一点。

4.1　事件处理

要让 React 响应用户操作，主要工作就是定义事件处理程序，并将其传入相关元素的事件属性中。

对于事件名称，可以使用标准的 W3C DOM 事件名，并以驼峰命名方式命名，例如 onClick、onKeyUp 等。

事件处理程序一般是一个函数，定义完成后在 JSX 中将其作为元素的属性值。这里需要注意的是要传入一个函数，而不是一个字符串。

我们通过下面的代码对比一下传统 HTML DOM 事件处理与 React 事件处理的区别。

在传统的 HTML 中，DOM 事件的处理代码如下所示：

```
<button onclick="activateLasers()">
  Activate Lasers
</button>
```

在 React 中，DOM 事件的处理代码如下所示：

```
<button onClick={activateLasers}>
  Activate Lasers
</button>
```

下面来看一个完整的例子：

```
class SaveBtn extends React.Component{
  handleSave(event) {
    console.log(this, event);
  }
  handleMouseOver(event) {
    console.log('mouse over');
  }

  render() {
    return  <button  onClick={this.handleSave.bind(this)}  onMouseOver={this.
handleMouseOver()}>
              Save
          </button>
  }
}
ReactDOM.render(
  <SaveBtn />,
  document.getElementById('root')
);
```

在这个例子中，我们为 SaveBtn 中的 button 定义了两个事件，分别是 onClick 和 onMouseOver。当两种不同的事件分别被触发时，它们会分别进入不同的处理逻辑。

除了 onClick 和 onMouseOver，React 还支持大多数常用事件，如表 4-1 所示。

表 4-1　React 支持的大多数常用事件

事件类型	事件名称	事件属性
剪贴板事件	onCopy onCut onPaste	DOMDataTransferclipboardData
键盘事件	onKeyDown onKeyPress onKeyUp	boolean altKey Number charCode boolean ctrlKey function getModifierState(key) String key Number keyCode String locale Number location boolean metaKey boolean repeat boolean shiftKey Number which
焦点事件	onFocus onBlur	DOMEventTarget relatedTarget
表单事件	onChange onInput onSubmit	
鼠标事件	onClick onContextMenu onDoubleClick onDrag onDragEnd onDragEnter	boolean altKey Number button Number buttons Number clientX Number clientY

< 43 >

续表

事件类型	事件名称	事件属性
鼠标事件	onDragExit onDragLeave onDragOver onDragStart onDrop onMouseDown onMouseEnter onMouseLeave	boolean ctrlKey function getModifierState(key) boolean metaKey Number pageX Number pageY DOMEventTarget relatedTarget Number screenX Number screenY boolean shiftKey
触控事件	onTouchCancel onTouchEnd onTouchMove onTouchStart	boolean altKey DOMTouchList changedTouches boolean ctrlKey function getModifierState(key) boolean metaKey boolean shiftKey DOMTouchList targetTouches DOMTouchList touches
用户界面事件	onScroll	Number detail DOMAbstractView view
滚轮事件	onWheel	Number deltaMode Number deltaX Number deltaY Number deltaZ

4.2 事件绑定

4.1 节的例子中，onClick 的 bind() 就是事件绑定，在该例中它是必需的。

在 JavaScript 中创建回调函数时，一般需要将函数绑定到特定实例，以保证 this 值的正确性。在 React 中，使用 bind(this) 进行绑定，以便在事件处理程序中可以正确引用实例。如果不绑定，this 的值则是 null。

但是，在以下场景中是可以不使用 bind(this)的。

（1）有些事件处理程序中，不需要通过 this 来引用实例，这时事件处理程序与实例无关，自然不需要绑定。例如 4.1 节中 handleMouseOver() 的处理过程就与实例无关，不需要进行绑定。

（2）在早期，通过调用 React.createClass() 创建组件时，也不需要绑定，因为在 createClass() 中，React 实现了自动绑定。

（3）使用箭头函数(()=>{})时，箭头函数已包含了自动绑定。例如 onClick={(e) => this.handleClick(e)}。

注意，事件的回调被绑定到 React 组件实例上，而不是绑定到原始的 DOM 元素上，即事件回调函数中的 this 指的是组件实例而不是 DOM 元素。React 通过一个 autobinding 过程自动将函数绑定到当前的组件实例上。

此外，我们建议在类的 constructor() 构造函数中也对事件处理程序进行绑定，这样可以使代

< 44 >

码更整洁。尤其是在多处都使用一个事件处理程序时，不需要在每处都进行 bind()，如下所示：

```
class SaveBtn extends React.Component{
  constructor(props) {
    super(props);
    this.handleSave = this.handleSave.bind(this);
  }
  handleSave(event) {
    console.log(this, event);
  }
  handleMouseOver(event) {
    console.log(event);
  }

  render() {
    return <button onClick={this.handleSave}
              onMouseOver={this.handleMouseOver}>
            Save
          </button>
  }
}
```

4.3　事件代理

　　传统浏览器的事件处理方式是直接将监听器附加到 DOM 结点上，例如原生 JavaScript 或者 jQuery 都是这样的。然而，React 有所不同，React 并未将事件处理函数与对应的 DOM 结点直接关联起来。React 使用的是事件代理机制，就是监听所有事件，然后分派到相对应的组件或标签上。

　　React 在顶层使用一个全局的事件监听器来监听所有的事件，在这个监听器内再将事件分派到具体的组件或标签上。React 在内部维护一个映射表以记录事件与组件的对应关系，当某个事件发生时，React 会在根结点捕获这个事件，并根据内部映射表将事件分派给指定的事件处理函数。当映射表中没有事件处理函数时，React 不做任何操作。当一个组件安装时，相应的事件处理函数也会被添加到事件监听器的内部映射表中。组件删除时，事件处理函数也会随之被删除。

4.4　合成事件

　　不同浏览器对 W3C 规范的实现是不同的。虽然当前浏览器的兼容问题越来越少，但跨浏览器的兼容问题依旧是前端开发者最头疼的问题之一。

　　针对跨浏览器的兼容性问题，React 给出了一种称为"合成事件（SyntheticEvent）"的解决方案。React 中事件处理程序所接收的事件参数是被称为合成事件的实例，合成事件是浏览器原生事件跨浏览器的封装，它与浏览器原生事件有着同样的接口，如 stopPropagation()、preventDefault()

< 45 >

接口等，这些接口是跨浏览器兼容的。

如果出于某些特殊原因需要使用浏览器原生事件，可以通过合成事件的 nativeEvent 属性获取。每个合成事件都有以下属性。

（1）DOMEventTarget currentTarget：捕获事件的元素。

（2）DOMEventTarget target：触发事件的元素。

（3）boolean isDefaultPrevented：如果默认行为被阻止，则返回 true。

（4）booleanisPropagationStopped：如果事件传播被阻止，则返回 true。

（5）DOMEvent nativeEvent：浏览器原生事件对象。

（6）void preventDefault()：阻止浏览器默认行为。

（7）void stopPropagation()：阻止事件传播。

（8）Date timeStamp：时间戳。

（9）String type：标签名。

⚠️注意

早期版本的 React 通过在事件处理程序返回 false 停止事件传播，现已不再使用。取而代之的是，根据需要手动调用 e.stopPropagation()或 e.preventDefault()。

4.5 响应其他事件

React 支持的事件并不能覆盖全部事件，更无法覆盖全部需求。但是由于 React 开放的设计，我们还是有办法响应那些 React 不支持的事件的。方法很简单，即直接在原生 DOM 元素上挂接原生事件，主要利用第 3 章介绍的生命周期事件，在 componentDidMount() 中添加事件监听器，并在 componentWillUnmount() 中移除。在 componentDidMount() 被调用时，我们已经可以拿到 DOM 并对 DOM 进行操作，此时可为 DOM 添加事件监听器。切记一定要在 componentWillUnmount()中移除，否则会带来不必要的麻烦。

以窗口大小调整（resize）事件的响应为例，React 本身并不支持窗口大小调整事件的响应，我们可以在生命周期事件中，对窗口大小调整事件进行响应，代码如下：

```
class AutoResizeWindow extends React.Component{
  constructor(props) {
    super(props);
    this.state = {
      width: '100px',
      height: '100px',
      border: '1px solid black'
    };
    this.handleResize = this.handleResize.bind(this);
  }
  componentDidMount() {
```

< 46 >

```
      window.addEventListener('resize', this.handleResize);
  }
  componentWillUnmount() {
      window.removeEventListener('resize', this.handleResize);
  }
  handleResize(event) {
      this.setState({
          width: window.innerWidth + 'px',
          height: window.innerHeight + 'px'
      })
  }
  render() {
      return <div style={this.state}></div>
  }
}

ReactDOM.render(
  <AutoResizeWindow />,
  document.getElementById('root')
);
```

4.6 本章小结

本章介绍了 React 中对事件处理的原理和方法，讲解了 React 建立的独立的事件系统，提供的对传统事件的兼容接口，以及 React 内部的事件派发逻辑。

4.7 习题

1. 通过鼠标事件实现一个可拖放的<div>。
2. 通过 props 的传递，将父组件定义的状态和事件处理函数传递给子组件。

< 47 >

第 **5** 章 React 表单

前面已经介绍了一些与用户交互的方法。在此基础上，我们进一步探索 React 表单的作用，即可以通过表单组件获取用户输入的数据，比如获取用户经由<input>、<textarea>、<select>等表单组件输入的数据。表单组件不同于其他组件，因为表单组件的内容会在与用户交互后发生变化。处理通过表单组件响应的与用户交互的数据比较容易。

5.1 使用表单

在 HTML 中使用表单时，<input>、<textarea>、<select>这类表单元素本身就有自己的状态暂存用户的输入，用户输入的数据就存储在 DOM 中。在 React 中，像<input>这类表单元素的取值，通常要求与状态保持一致。视图与状态不一致会违背 React 的设计逻辑，导致很多错误或麻烦，开发过程中应避免这种情况发生。然而现实情况是，React 只实现了单向数据流，即由状态到视图的单向数据绑定，而并没有实现双向数据绑定，用户必须自己维护状态与表单元素之间的同步关系。从这个角度来讲，单向数据流既是 React 的优势，也是不足。单向数据流简化了逻辑，提高了速度，但是也给表单的使用带来了额外的麻烦。

其实前面学习的事件处理，已经为这个问题提供了一个解决方法，即通过响应输入变化事件更新状态。在 React 中，表单通常的使用方法如下。

（1）在 render() 中，将表单元素的 value 值设置为对应的 state 值；

（2）在表单元素上，使用 onChange 捕获用户对表单元素的修改；

（3）在事件处理程序中，更新内部状态；

（4）调用 setState()，重新执行 render() 更新视图。

下面来看一个基础示例：

```
class FormInput extends React.Component {
    constructor(props) {
        super(props);
        this.state = {value: 'Hello React!'};
        this.handleChange = this.handleChange.bind(this);
    }
```

```
handleChange(event) {
  this.setState({value: event.target.value});
}
render() {
  var value = this.state.value;
  return
    <div>
      <input type="text" value={value} onChange={this.handleChange} />
      <h1>{value}</h1>
    </div>;
}
}
```

上面代码的运行效果如图 5-1 所示。

Hello React! abc

Hello React! abc

图 5-1　表单示例页面显示效果

在这个例子中，用户通过<input>输入的内容可以动态显示在下面的 h1 标签中，实现了与双向绑定基本同样的效果，这主要是通过设置 value 值以及响应 onChange 事件并更新 state 来实现的，这就是 React 处理表单的核心逻辑。任何复杂的表单都可以通过这个方法来实现。

一般我们在使用表单的时候，通常把实现同一功能的<input>、<select>这些表单元素包裹在<form>中，不同的功能通过包裹在不同的<form>中进行隔离，这样可以有效分离逻辑，减少相互之间的干扰。

在 React 中，要使用<form>会用到两个主要事件：onChange 和 onSubmit。onChange 在表单中有任何输入变化时触发，onSubmit 在表单提交时触发。通常检查输入数据、向后端提交数据都是在 onSubmit 的事件处理程序中实现的。

5.2　表单元素

用于用户输入的表单元素主要有<input>、<textarea>、<select>和<option>。React 对这几个表单元素提供了特别的支持，即 React 支持给这些元素设置可变属性，包括 value、checked、selected 属性。这些可变属性也叫交互式属性，在 onChange 事件中，可以读取这些属性的值并改变它们。

（1）value：用于<input>、<textarea>和<select>组件。

（2）checked：用于类型为 checkbox 或者 radio 的<input>组件。

（3）selected：用于<option>组件，与<select>一起使用。

< 49 >

需要注意的是，即使是同样的表单元素，在 HTML 和 React 中也可能会有不同的表现，在 HTML 中，<textarea>和<select>的值通过子结点设置，并没有 value 属性。而在 React 中，则使用 value 属性代替，这是 React 为表单专门提供的特性，有助于在编码时候实现统一的处理。注意：React 表单中 for 要写成 HTMLFor，该写法在之前章节中已做过介绍。输入提示一般通过 input 的 placeholder 属性实现。

<textarea>、<select>和<input>实现了统一用法，如下所示：

```
<textarea value={this.state.value} onChange={this.handleChange} />
<select value={this.state.value} onChange={this.handleChange}>
  <option value="grapefruit">葡萄</option>
  <option value="lime">柠檬</option>
  <option value="coconut">椰子</option>
  <option value="mango">芒果</option>
</select>
```

5.3 事件响应

简单来说，事件响应就是先通过 onChange 事件处理程序监听到组件的变化（例如下面举出的两个例子），然后通过浏览器做出响应。

表单组件可以通过设置 onChange 事件处理程序来监听组件变化。例如用户做出以下两种交互时，onChange 事件处理程序被执行并通过浏览器做出响应。

（1）<input>、<textarea>或<select>的 value 属性发生变化时。

（2）<input>的 checked 状态改变时。

所有的 HTML 原生组件都支持 onChange 事件的属性，而且可以用来监听冒泡 change 事件。对于<input>和<textarea>，不应该使用原生 DOM 内置的 onInput 事件，而应该用 onChange 事件替代。同时 React 中的 onChange 事件与原生 onChange 事件的触发是有区别的，React 中的 onChange 事件会在输入发生时触发，而不是在失去焦点时触发。这是 React 为表单事件响应做出的一种改良。

若有多个元素要调用同一个事件处理程序，常规的方法是编写多个 onChange 事件处理程序，在这些程序中再调用同一个函数。虽然这么做没有问题，但是会导致代码量过大且冗余，增加维护难度。更好的做法是只写一个事件处理程序，然后采用 bind 复用或 name 复用来实现复用。

5.3.1 bind 复用

bind 复用即在事件处理 bind()的时候，为 bind()函数增加一个参数，用于标注事件源，以便在事件处理程序中有效识别变化来源于哪个表单元素，如下代码所示：（请注意 handleChange 和 onChange 的处理方式。这种方式书写简单，但读者需要熟悉 bind()机制。）

```
class MyForm extends React.Component {
```

< 50 >

```
constructor(props){
  super(props);
  this.state = {
    username: '',
    gender: 'man',
    checked: true
  };
  this.submitHandler = this.submitHandler.bind(this);
}

handleChange(name, event){
  let newState={};
  newState[name] = name=="checked"?event.target.checked:event.target.value;
  this.setState(newState);
}

submitHandler (e) {
  e.preventDefault();
  console.log(this.state);
}

render () {
  return
    <form onSubmit={this.submitHandler}>
      <label>用户名</label>
      <input type="text" onChange={this.handleChange.bind(this,"username")}
          value={this.state.username}/>
      <br/>
      <label>性别</label>
      <select onChange={this.handleChange.bind(this,"gender")} value={this.
state.gender}>
          <option value="man">男</option>
          <option value="woman">女</option>
      </select>
      <br/>
      <label>是否在校生</label>
      <input type="checkbox" checked={this.state.checked}
          onChange={this.handleChange.bind(this,"checked")}/>
      <button type="submit">提交</button>
    </form>
  }
}

ReactDOM.render(
  <MyForm/>,
  document.getElementById('root')
);
```

< 51 >

5.3.2 name 复用

name 复用直接读取表单的 name 属性值，相比 bind 复用的写法，name 复用会少一些参数。因为在 onChange 的事件处理程序中需要读取表单的 name 值，所以表单元素需要增加不同的 name 属性，以便区分，实现代码如下：

```
class MyForm extends React.Component {
  constructor(props){
    super(props);
    this.state = {
      username:'',
      gender:'man',
      checked:true
    };
    this.submitHandler = this.submitHandler.bind(this);
    this.handleChange = this.handleChange.bind(this);
  }

  handleChange(event){
    let newState={};
    newState[event.target.name]=
      event.target.name=="checked"?event.target.checked:event.target.value;
    this.setState(newState);
  }
  submitHandler (e) {
    e.preventDefault();
    console.log(this.state);
  }
  render () {
    return
      <form onSubmit={this.submitHandler}>
        <label htmlFor="username">用户名</label>
        <input type="text" name="username" onChange={this.handleChange}
          value={this.state.username}/>
        <br/>
        <label htmlFor="gender">性别</label>
        <select name="gender" onChange={this.handleChange} value={this.state.
        gender}>
          <option value="man">男</option>
          <option value="woman">女</option>
        </select>
        <br/>
        <label htmlFor="checked">是否在校生</label>
        <input type="checkbox" checked={this.state.checked} onChange={this.
        handleChange} name="checked"/>
        <button type="submit">提交</button>
      </form>
  }
}
```

< 52 >

```
ReactDOM.render(
  <MyForm/>
  document.getElementById('root')
);
```

5.4　可控组件

在 React 中，表单元素本身就有自己的状态，React 组件也有自己的 state 状态。前面我们给出了一种同步状态的方法，现在我们来更深入地讨论如何获取表单中用户的输入内容。是直接访问表单元素？还是访问 React 组件的 state 状态？这两种不同的策略就决定了组件是否可控。

判断组件是否可控的方法是，将表单中的 value 属性绑定到 state 状态的 React 组件是可控组件，否则则是不可控组件。

前面介绍的方法实现的就是可控组件。在这里我们再对可控组件做一个总结。

首先，在 render() 函数中设置 value 属性的<input>是一个功能受限的组件，渲染出来的 HTML 元素始终保持 value 属性的值，即使用户输入其他值也不会改变。

```
render() {
    return <input type="text" value="Hello"/>;
}
```

上面的代码将渲染出一个值始终为 Hello 的 input 元素，这是由 React 的渲染策略决定的。如果需要响应更新用户输入的值，就需要使用 onChange 事件，并将 value 属性绑定到 state 状态中。

```
constructor(props) {
    super(props);
    this.state={value: 'Hello!'};
    this.handleChange = this.handleChange.bind(this);
}
handleChange (event) {
    this.setState({value: event.target.value});
}
render () {
    return <input type="text" value={this.state.value} onChange={this.handle
Change} />;
}
```

可以看到，一个可控组件的表单元素并不保持自己的内部状态，而是完全依托于 React 组件的 state 状态。在开发中，应优先选择可控组件方式。可控组件具有以下优点。

（1）可控组件符合 React 的单向数据流设计，数据流从 state 状态流向视图。

（2）可控组件符合 React 的状态要求，数据存储在 state 状态中，便于使用。

（3）可控组件便于对数据进行处理。

< 53 >

5.5 不可控组件

与可控组件相对应，不可控组件没有将 value 属性绑定到 state 状态上（没有设置 value 值或者设为 null 值）的表单组件。这样一来，组件中的数据和 state 状态中的数据并没有对应关系或者同步关系，也就无法从 state 状态中获取用户输入的信息。从这个意义上来说，组件的数据不可控。

```
render() {
    return <input type="text" />;
}
```

上面的代码将渲染出一个空值的输入框，用户输入将立即反映到元素上，与 React 的 state 状态毫无关系。与 state 状态无关意味着不受控，但并不代表这不能使用，我们依然可以使用 onChange 事件监听值的变化，继续进行后续处理。

更进一步，对于没有通过 onChange 事件进行变化捕获的表单，依然可以使用表单中的数据。因为即使没有捕获数据的变更，但是数据依然在 DOM 中。如果要获得表单元素的 value 值，需先获取其 DOM 结点，然后通过引用获取其 value 值。

我们看如下表单的例子：

```
class MyForm extends React.Component {
    constructor(props){
        super(props);
        this.submitHandler = this.submitHandler.bind(this);
        this.username = React.createRef();
        this.gender = React.createRef();
        this.isStudent = React.createRef();
    }

    submitHandler (e) {
        e.preventDefault();
        const submitValue = {
            username: this.username.current.value,
            gender: this.gender.current.value,
            isStudent: this.isStudent.current.checked
        };
        console.log(submitValue);
    }
    render () {
        return
            <form onSubmit={this.submitHandler}>
                <label HTMLFor="username">请输入用户名</label>
                <input type="text" name="username" ref={this.username} defaultValue=
                "react"/>
                <br/>
```

< 54 >

```
            <label HTMLFor="gender">性别</label>
            <select name="gender" ref={this.gender} defaultValue="man">
              <option value="man">男</option>
              <option value="woman">女</option>
            </select>
            <br/>
            <label HTMLFor="isStudent">是否为在校学生</label>
            <input type="checkbox" name="isStudent" ref={this.isStudent}/>
            <br/>
            <button type="submit">提交</button>
          </form>
      }
}

ReactDOM.render(
  <MyForm/>,
  document.getElementById('root')
);
```

　　本例使用了不可控组件的方式，表单并没有与 state 状态同步，只是在表单提交时，通过表单元素的 ref 引用，获取输入的值。

　　最后，可使用 defaultValue 属性给表单元素设置一个非空的默认初始值。数据在这里并没有存储在 state 状态中，而是包含在 input 或者 select 的 DOM 中。

　　上面的代码渲染出来的元素和受控组件一样有一个初始值，用户可以改变这个值，并将其直接反映到界面上，但不会同步到 state 状态中。同样，<input type="checkbox">和<input type="radio">支持 defaultChecked 属性，<select>支持设置 defaultValue 属性。defaultValue 属性和 defaultChecked 属性只能在初始的 render()函数中使用。如果要在随后的 render()函数中更新 value 值，则应使用可控组件。

5.6　本章小结

　　本章首先介绍了对表单中的事件响应函数的复用。React 提供 bind 复用和 name 复用两种方式，读者可以灵活取舍。其次介绍了 React 的表单处理。React 对传统 HTML 中的表单元素处理分为可控组件和不可控组件两种方式，可控组件对表单元素进行统一封装，提供统一接口，建议尽量使用可控组件。

< 55 >

5.7 习题

1. React 推荐使用 onChange 事件而不是 onInput 事件，这是为什么？

2. 用程序实现使用受控组件方式和非受控组件方式，在表单提交时，获取表单的值并提交至服务器。

3. 使用本地数据或者使用 Mock.js 库模拟远程请求，实现一个省、市、区/县联动的地址选择组件。

< 56 >

第6章

React 组件复用

　　我们对前端进行组件化的根本目的是为了复用。组件是 React 中复用的基础单元。在 React 中，复用体现在两个方面，一方面是界面层面。以组件作为界面构建的基础单元，将界面划分成一个个组件；每个组件中封装独立的业务逻辑，使各组件之间的业务更为清晰。另一方面是组件层面。多个组件之间往往也会存在某些公共或相似的业务逻辑。组件之间共享业务逻辑使公共的业务可独立于组件之外，这也使组件的职责更为明确。本章将从这两个方面介绍 React 组件的复用机制。

6.1　组件分离

6.1.1　组件嵌套

　　前面我们已经知道，组件接收属性和状态数据，并在 render() 函数中将数据渲染为 HTML 标签。不仅如此，React 组件在 render() 函数中还可以包含子组件标签。在这种情况下，父组件会拥有一个或多个子组件的实例，从而建立一种从属关系。在子组件中封装独立的业务逻辑，可以使父组件的业务更为清晰，子组件的复用程度更高。

　　典型的组件嵌套代码结构如下所示：

```
class Lesson extends React.Component {
  render() {
    return (
      <li>{this.props.name}</li>
    );
  }
}

class LessonList extends React.Component {
  render() {
    return (
      <ul>
        <Lesson name="大学语文"></Lesson>
        <Lesson name="高等数学"></Lesson>
      </ul>
```

```
    );
  }
}
ReactDOM.render(
  < LessonList />,
  document.getElementById('app')
);
```

　　父组件在 render() 函数中直接渲染子组件，父组件通过设置子组件的属性值，将参数传递给子组件。这里隐含的条件是，在开发阶段就已经明确了父组件所包含的子组件类型、实例数量。如果要渲染的子标签内容是运行阶段才能确定的，比如属性参数是变量、组件的数量由变量决定等，那么如何进行父组件与子组件之间的相互通信呢？

6.1.2　动态组件

　　如果子组件类型和属性是设计时未知的或者是动态加入的，就需要用到 this.props.children 属性。React 会自动将所有子组件的实例填入 this.props.children 属性中。父组件可以根据这个属性与子组件进行各种操作。下面的例子实现了与上面的例子同样的效果，但子组件是在父组件 render() 函数之外声明的。注意：组件的父子关系并不等同于标签的父子关系。

```
class StudentList extends React.Component {
  render() {
    return (
      <ul>
        {this.props.children}
      </ul>
    );
  }
}

ReactDOM.render(
  < StudentList >
    <Student>张三</Student>
    <Student>李四</Student>
  </ StudentList >,
  document.getElementById('reactContainer')
);
```

　　比较组件嵌套和动态组件两种方式，我们到底应该用哪种呢？这取决于不同的应用场景。对于数量和属性固定的子组件，我们倾向于使用前者；而对于动态的、数量不固定的子组件，我们倾向于使用后者，因为这样的代码在结构上更清晰且易于控制。

　　对于后者，如果在搜索结果中，我们有时候还需要更进一步地控制子组件，比如过滤其中的某些子组件或限制必须为某种类型的子组件，这就需要自行扩展。

　　如果在运行的过程中，如显示搜索结果列表时，子组件的位置会因有新的子组件插入而发生变化，如果没有其他附加信息，React 会难以识别这些组件的变化关系，从而导致子组件被删除

< 58 >

后重建。如果要确保子组件在多个渲染阶段保持自己的特征和状态，就需要给每个子组件都单独赋予一个唯一标识属性 key，通过设置 key 属性，React 能明确识别到单个组件，从而避免重建。这在 React 中已近乎是一种强制要求了。事实上，如果不给出 key 属性，React 会给出警告提示，如下所示：

```
render() {
  var results = this.props.results;
  return (
    <ol>
      {results.map(function(result) {
        return <li key={result.id}>{result.text}</li>;
      })}
    </ol>
  );
}
```

值得注意的是，key 属性添加到组件才会生效，附加到 HTML 则不会起作用。

6.2　组件间通信

前面介绍的主要是针对父子组件或上下层级组件之间单向的参数传递机制。如果两个组件之间不具备这样的关系，则需要一些特殊机制。当然，这种跨组件之间的通信需求本身也有其特殊性。

6.2.1　事件回调机制

事件回调机制是最基本的参数传递机制。组件接收外界传入的回调函数作为属性参数，并在合适的时机调用这个传入的回调函数，完成参数向组件外传递。通常，父组件与子组件之间的通信方法就是使用事件回调机制。父组件通过子组件的 props 属性传递数据并控制子组件的行为；而子组件向父组件传递信息，则通过事件回调机制实现。父组件在声明子组件时会在子组件的 props 属性中增加一个回调函数，子组件在特定的时机调用这个回调函数来通知父组件。这种机制需要子组件预先约定好这个回调接口，并且父组件遵从这个约定。下面这个例子在实例包中对应 chapter6/example-communication 文件夹：

```
class ChildComponent extends React.Component{
  constructor(props) {
    super(props);
    this.handleClick = this.handleClick.bind(this);
  }

  handleClick(){
    if (this.props.onClick) {
      this.props.onClick();
    }
```

< 59 >

```
  }

  render(){
    return (
      <button onClick={this.handleClick}>单击我通知父组件</button>
    );
  }
}

class ParentComponent extends React.Component {
  onChildClicked() {
    alert('父组件收到了从子组件的单击事件。');
  }

  render(){
    return (
      <div>父组件
        <ChildComponent onClick={this.onChildClicked}/>
      </div>
    );
  }
}

ReactDOM.render(
  <ParentComponent/>,
  document.getElementById('reactContainer')
);
```

对于没有隶属关系的组件间的通信，也可以通过相似的事件机制来实现通信。具体方法是在 component DidMount() 函数里订阅事件，在 componentWillUnmount() 函数里退订，然后在事件回调里调用 setState() 函数，前提是组件设计时就约定了相应的事件。

6.2.2 公开组件功能

另外一种不常用的实现通信的方法是子组件对外提供公开方法，公开的方法被调用后返回相应的数据。父组件通过 ref 属性获得子组件实例的引用。

以一个待办事项列表为例，单击该列表项后，该项被删除。如果只剩下一个未完成的待办事项，则调用该待办事项组件实例的 animate() 函数，该函数在控制台输出一行描述自己被调用的文本串，代码如下：

```
class TodoItem extends React.Component {
  render() {
    return <div onClick={this.props.onClick}>{this.props.title}</div>;
  }
  // 这是本组件公开的方法，由父组件通过 ref 属性获取实例并调用
  animate() {
    console.log(' %s 的 animate 函数被调用', this.props.title);
```

< 60 >

```
    }
}

class Todos extends React.Component {
    constructor(props) {
        super(props);
        this.state = { items: ['Apple', 'Banana', 'Cranberry']};
    }

    handleClick(index) {
        var items = this.state.items.filter(function(item, i) {
            return index !== i;
        });
        this.setState({items: items}, function() {
            if (items.length === 1) {
                // 此处调用子组件的 animate 函数
                this.refs.item0.animate();
            }
        }.bind(this));
    }

    render() {
        return (
            <div>
                {this.state.items.map(function(item, i) {
                    var boundClick = this.handleClick.bind(this, i);
                    return (
                        <TodoItem onClick={boundClick} key={i} title={item} ref= {'item' +
i} />
                    );
                }, this)}
            </div>
        );
    }
}
ReactDOM.render(<Todos />, 'reactContainer');
```

当然，要达到同样的效果，也可以采取不同的策略，比如给某个 TodoItem 组件赋予 isLastUnfinishedItem 属性，并由这个 TodoItem 组件本身进行动画控制等。这里不评价策略好坏，只用来展示机制和思路。

6.2.3 动态参数传递

一般情况下，子组件明确地知道从 props 中传入的属性，也会对传入的属性进行限定和验证。但父组件向子组件传递参数时，有时参数名称是作为变量出现的，无法预先明确下来，这就是动态参数传递。动态参数传递的方法是使用属性展开方法，直接传递一个属性对象。注意需要加入特殊的 "..." 标识符，如下所示：

```
return <Component {...this.props} more="values" />;
```

< 61 >

有时把所有属性都传下去是冗长且不安全的，这时可以使用 ES6 规范中解构赋值的剩余属性特性来把未知属性批量提取出来。下面的示例将 this.props 属性集合中除了 checked 属性之外的其他属性复制到 other 变量中，再传递给组件。注意：这里的“...”表示剩余属性，与上例中出现的“...”展开属性标识符是不一样的。

```
var { checked, ...other } = this.props;
return <Component {...other} attrMore="values" />;
```

如果上面的 other 对象中也含有 attrMore 属性，则原来 attrMore 属性的值会被覆盖。这里的顺序很重要，上面例子中，要确保 checked 属性不被覆盖，可以把{...other}放到前面。

6.3 组件逻辑复用

6.3.1 mixins 机制

mixins 的语义是指混入物。React 中引申过来，专指“混入”到组件中的代码。也就是说，React 提供了为组件“混入”代码的能力。组件是 React 中复用代码的最佳方式，但有时一些复杂的组件间也需要共用一些功能或具有一些共同的行为，如输出日志等，有时这也称为跨切面关注点。旧版本的 React 提供 mixins 机制解决这类问题。由于组件之间共享逻辑，所以能通过这个逻辑实现组件之间的通信与协作。由于新版本中提供了高阶组件这种更好的机制，mixins 机制实际上已不再推荐。但考虑到有的旧代码会用到这个机制，我们还是对此进行简单介绍，也可以从中感受 React 技术的演化思路。

举一个典型的例子，很多组件都会有定时更新界面的需求。用 setInterval()函数实现定时器的操作并不难，只是需要记得，当不需要定时器时要及时清除定时器，以减小内存开销。React 的组件生命周期方法可以告知我们组件创建或销毁的时机。但如果多个组件都需要定时更新机制时，为每个组件都实现一套定时器的创建和销毁机制显然是不可取的，最好是将这个机制共享并使其能为多个组件所用，这时可以使用 mixins 机制。下面使用 setInterval()函数来做一个简单的 mixin 混入器，并保证在组件销毁时清理定时器，代码如下：

```
var SetIntervalMixin = {
  componentWillMount: function() {
    this.intervals = [];
  },
  setInterval: function() {
    this.intervals.push(setInterval.apply(null, arguments));
  },
  componentWillUnmount: function() {
    this.intervals.map(clearInterval);
  }
};

var TickTock = React.createClass({
```

< 62 >

```
mixins: [SetIntervalMixin],          // 引用 mixin
getInitialState: function() {
  return {seconds: 0};
},
componentDidMount: function() {
  this.setInterval(this.tick, 1000);  // 调用 mixin 中的方法
},
tick: function() {
  this.setState({seconds: this.state.seconds + 1});
},
render: function() {
  return (
    <p>
      React 已经运行了{this.state.seconds}秒.
    </p>
  );
}
});

React.render(
  <TickTock />,
  document.getElementById('reactContainer')
);
```

简单地说，在组件的 mixins 属性中定义的函数被"混"入组件实例中，多个组件定义相同的 mixins 混入器则会使组件具有某些共同的行为。

可以看到，SetIntervalMixin 混入器中也定义了 componentWillMount() 函数。在这种情况下，React 会优先执行 mixin 混入器中的 componentWillMount() 函数。如果组件的 mixins 属性中定义了多个 mixin 混入器，则按声明的顺序依次执行，最后执行组件本身的函数。

如果一个组件使用了多个 mixin 混入器，并且有多个 mixin 混入器定义了同样的生命周期方法（例如，多个 mixin 混入器都需要在组件销毁时做资源清理操作），那么所有这些生命周期方法都会被执行。执行方法是首先在 mixin 属性中引入顺序执行 mixin 混入器中的方法，最后执行组件内定义的方法。

mixins 机制的一个缺点就是多个组件在共享逻辑的同时，多个 mixin 混入器也共享了同一个对象的数据状态，这很容易导致这个数据状态被不同 mixin 混入器改变，产生冲突。

6.3.2 渲染属性

渲染属性是组件的一种属性，但与普通属性不同的是，渲染属性的值为函数，这个函数在组件渲染时被调用。利用渲染属性，也可以在组件间共享代码逻辑。通过渲染属性传递特殊的函数，可以达到给原有组件"注入"代码逻辑的目的，代码如下：

```
class DataProvider extends React.Component {
  constructor(props) {
    super(props);
```

< 63 >

```
    this.state = { name: 'test' };
  }

  render() {
    return (
      <div>{this.props.renderprop(this.state)}</div>
    )
  }
}

<DataProvider renderprop = {
  data => (
    // 这里渲染的内容独立于 DataProvider 组件
    <MyComp name={data.name} />
  )
}
</DataProvider>
```

这里可以看到，DataProvider 组件的 div 标签中的内容是动态生成的，是调用由属性 renderprop 传入的函数生成的，这个 renderprop 属性就是渲染属性。DataProvider 组件相当于是一个壳，里面可以装任何内容，具体装入的内容由 renderprop 渲染属性对应的函数决定。将 div 标签中的内容展示剥离出来另成组件，MyComp 组件与 DataProvider 组件独立起来，使得两个组件都可以被复用。按照渲染属性的约定，上面的第二段代码可以更进一步简化成如下代码：

```
<DataProvider {
  data => (
    // 这里渲染的内容独立于 DataProvider 组件
    <MyComp name={data.name} />
  )
}
</DataProvider>
```

渲染属性主要注入的是渲染逻辑，这也大大限制了其使用场合。

6.3.3　高阶组件

高阶组件是"包裹"现有组件生成新组件的一种方式，可以达到不影响原组件而增加业务逻辑的目的。高阶组件具有种种优点，在实际开发中应用广泛。事实上，高阶组件不仅是一种机制，更是一种组件声明风格。因此我们在 6.4 节用单独的一节来学习它。

6.3.4　Context 机制

当组件嵌套比较深的时候，数据通过组件树逐层传递，有时某些属性会从上层组件手动逐层传递到最底层的组件。例如，A 组件为了给包含在 B 组件中的 C 组件传递一个属性，需要在组件中传递两次参数，才能最终将 A 组件中的属性传递给 C 组件。这样的传递既烦琐又无聊，而且 B 组件在中间参与了与自己无关的逻辑。针对这个问题，React 实现了 Context 机制，利用这种机制

< 64 >

可以实现组件树上的数据越级传递。

Context 可以看作跨级通信组件之间可共享的数据结构。在 Context 机制中，有两类组件协同发挥作用，一类称为 Context 的生产者（Provider），通常是一个父组件；另一类称为 Context 的消费者（Consumer），通常是一个或者多个子孙组件。从这个意义上来说，Context 基于生产者/消费者模式。

Context 是 React 的一个高级的、实验性的机制，将来的 API 细节可能会有一些更改，因此不建议频繁使用。如果确实需要，应尽量保持在小范围内使用，并且避免直接使用 Context 的 API，以便于以后升级。

针对跨级组件通信，先看看传统的写法，代码如下：

```
const Button = (props) => (
  <button style={{background: props.color}}>
    {props.children}
  </button>
)

const Message = (props) => (
  <div>
    {props.text} <Button color={props.color}>删除</Button>
  </div>
)

var MessageList = (props) => {
  var color = "purple";
  var children = props.messages.map(function(message) {
      return <Message text={message.text} color={color} />;
  }
  return <div>{children}</div>;
}
```

上面的例子将 color 属性值层层传递，Message 组件承担了自己本不应承担的工作。同样的功能改为使用 Context 机制进行数据传递，重点关注下面代码中的加粗部分和相应注释：

```
class Button extends React.Component {
  constructor(props) {
    super(props);
    // 使用 context 时子组件必须指定 context 的数据类型
    Button.contextTypes = {
      color: React.PropTypes.string
    }
  }

  render() {
    return (
      // 使用 this.context 来获取 context 数据
      <button style={{background: this.context.color}}>
        {this.props.children}
      </button>
```

< 65 >

```
    );
  }
}

const Message = (props) => (
  <div>
    {props.text} <Button>删除</Button>
  </div>
)

class MessageList extends React.Component {
  constructor(props) {
    super(props);
    // 使用 context 时父组件必须要声明的属性
    MessageList.childContextTypes = {
     color: React.PropTypes.string
    };
  }

  // 使用 context 时父组件必须要声明的回调函数
  // 在该回调函数中提供 context 的内容
  getChildContext() {
    return {color: "purple"};
  }

  render() {
    var children = this.props.messages.map(function(message) {
      return <Message text={message.text} />;
    });
    return <div>{children}</div>;
  }
}
```

　　在示例代码中，下级组件 Button 中定义 contextTypes 数据类型，并通过 this.context 属性访问数据；在上层组件 MessageList 中通过添加 childContextTypes 数据类型和 getChildContext() 函数提供数据，React 自动向下传递数据，使得组件树中上层组件的任意层级下级组件都能获得上层组件中的数据。Context 机制在 React 的路由管理框架 router 中也有应用。

　　结合上面的示例来看，这里的父组件 MessageList 作为 Context 生产者，首先通过一个静态属性 childContextTypes 声明了可以提供给子孙组件 Context 对象的属性，并实现实例的 getChildContext() 函数，在其中返回了一个代表 Context 具体内容的纯对象（plain object）。

　　这里的子组件 Button 作为 Context 消费者，在使用 Context 时，需要定义静态 contextTypes 属性，并通过 this.context 属性获取数据。定义静态属性 contextTypes 是必需的，否则从 this.context 属性是获取不到数据的。

　　对于无状态子组件，要想获取父组件的 Context，需要在箭头函数声明中增加 Context 参数，

< 66 >

并在箭头函数之外增加静态属性 contextProps，代码如下所示：

```
const ChildComponent = (props, context) => {
  const {
    color
  } = context
  console.log('context.color = ${color}')
  return ...
}

ChildComponent.contextProps = {
  color: PropTypes.string
}
```

6.3.5 React Hook 技术

React Hook 是 React 新版本针对逻辑复用提出的一套全新的技术。尽管其初衷是为了解决逻辑复用问题，但是当前 React Hook 已经发展为一整套的组件开发理念与风格，甚至可以说，它是对现有组件编写方式的一种全新升级。因此我们在第 9 章将用一章来详细讨论 React Hook 技术。

6.3.6 Store 机制

除了 Context 机制外，也可以利用 Store 机制实现跨组件之间的通信。这里的 Store 类似于一个全局共享变量集合，在 Store 中存储整个 App 都需要共享的数据。实际上，基于 Store 的机制是作为前端浏览器 App 应用的数据管理机制而提出的。除了数据共享外，Store 还提供了更多诸如数据绑定等功能，具体内容将在本书的第 10 章 "Flux 和 Redux" 讲解。

6.4 高阶组件技术

React 现在已不建议使用 mixins 机制了，因为 React 提供了更好的选择——高阶组件（Higher-Order Component）技术。mixins 机制虽然能实现跨组件的逻辑共享，但也有副作用，比如破坏了封装性原则等。高阶组件以更好的方式实现了跨组件的逻辑共享，同时又具有很多优良特性。现在很多模块都使用了高阶组件，如著名的 react-redux 框架、redux-form 框架中都有高阶组件的例子。高阶组件实质是对现有组件的动态包装函数，与普通函数稍有区别的是它接收组件类型作为输入参数，并输出经过包装后的新组件类型，这也是其被称为高阶的原因。

6.4.1 高阶组件概念

假如我们需要对现有某个组件增加或修改功能，但是又不希望这种改动影响到现有其他依赖于此组件的组件，此时好的解决方案就是对这个组件再加一层包装，生成一个新的组件，如

< 67 >

下例所示：

```
class NewWrapComponent extends React.Component {
  extendFunc(){
    //增加或修改的功能实现
  }
  render() {
    return <OldComponent {... this.props} />
  }
}
```

上面的例子已经完全能解决问题了。但是，这个方案是特定于 OldComponent 组件的，如果有更多的组件，如 OldComponent2、OldComponent3 时，我们要在每个组件中都增加 extendFunc() 函数逻辑吗？其实，如果将 OldComponent 组件类型作为一个变量，就可以达到一次声明、多次使用的效果。利用 JavaScript 语言提供的动态特性，我们可以将组件类型作为变量，通过函数完成封装，代码如下所示：

```
function hoc(Comp) {
  return class NewComponent extends React.Component {
    extendFunc(){
      // 增加或修改的功能实现
    }
    render() {
      return (
        <Comp {... this.props}/>
      )
    }
  }
}
```

使用时直接调用函数就可在任意原组件的基础上生成包含新功能的新组件，如下所示：

```
const NewComponent= hoc(Comp);
```

上面的例子利用 JavaScript 语言的函数和闭包特性，改变了已有组件的行为，而完全不需要修改任何代码，这就是高阶组件的工作方式。可以看出，高阶组件是以组件作为变量的组件，可以看作一个更高层次组件的生成器，这也是其被称作高阶组件的原因。

从本质上来看，高阶组件只是一种用法或一种架构，并没有增加新的内容。但从实际运行结果来看，组件树的嵌套虽然多了一层或多层，但是实际渲染出来的 DOM 结构并没有改变。使用多层高阶组件不会影响输出的 DOM 结构，对性能也没有影响。借助函数的灵活表现力，高阶组件在很多地方都得到了广泛的应用。

现在，我们使用高阶组件方法来重写 6.3.1 小节 mixins 机制中所举的例子，代码如下所示：

```
function mixinComponent (comp) {
  return function(Comp) {
    return class extends React.Component {
      componentWillMount: function() {
        this.intervals = [];
      }
```

< 68 >

```
      setInterval: function() {
        this.intervals.push(setInterval.apply(null, arguments));
      }
      componentWillUnmount: function() {
        this.intervals.map(clearInterval);
      }
      render() {
        return <Comp {...this.props}/>
      }
    }
  }
}
```

使用时直接调用 mixinComponent() 函数即可生成具有定时器功能的新组件，如下所示：

```
const NewMixinsComp = mixinComponent (OldComp);
```

可以看到，使用高阶组件方式实现同样的功能，在结构、性能、维护等方面都普遍优于 mixins 机制。

理解和掌握好高阶组件，是学习 React 技术的一个重点。很多情况下，灵活、优雅地使用高阶组件，往往能取得意想不到的效果，这也体现了 JavaScript 这门函数式语言的优势之处。为更好地理解高阶组件，我们接下来用两个小节分别介绍两个典型应用场景。

6.4.2　高阶组件与属性转换器

若我们想要的组件与现有组件在功能上相似，但组件的参数不一致，就可以给现有组件加装一个属性转换器，使其满足我们的需求。下面的代码就实现了组件属性转换。

```
function transProps(transFn) {
    return function(Comp) {
        return class extends React.Component {
            render() {
                return <Comp {...transFn(this.props)}/>
            }
        }
    }
}
```

使用时直接调用如下函数：

```
const NewAdapter = transProps (transPropsFu)(OldComp);
```

此写法在函数的基础上又增加了一阶函数，以此将 transPropsFu 属性转换逻辑与 OldComp 组件逻辑分离开，各阶函数各司其职，代码关注点更明确。可见，借助高阶组件，代码的结构、逻辑更清晰。

< 69 >

6.4.3 高阶组件与异步数据请求

在进行组件设计时，我们希望设计的组件具有单一目标，因为这样的组件易写易测。然而在实际设计时，我们却常常不自觉地违背这一点，其原因之一也许是我们在思路上缺乏高阶组件这个概念。以典型的包含异步数据请求的组件为例，假设我们需要异步加载学生列表的一个组件，一般设计如下：

```
class StudentList extends React.Component {
  constructor(props) {
    super();
    this.state = {
      listData: []
    }
  }
  componentDidMount() {
    loadStudents()
      .then(data=>
        this.setState({listData: data.studentList})
      )
  }
  render() {
    return (
      <List list={this.state.listData} />
    )
  }
}
```

这样的设计很常见，乍看起来似乎也没什么问题。但进一步观察，会发现数据请求方式不止 Fetch 一种，如使用 jQuery 中的 ajax() 函数，还有后面将要介绍到的 Axios 框架等。除此之外，HTTP 请求获得的结果数据也可能不一样，比如列表数据不是学生列表而是课程列表。为了适应这些变化，每种情况都要设计一个新的组件吗？分析问题根源，上面的代码中将数据请求和数据展现两种逻辑混在了一起，使得组件无法适应更多场景，从而降低了组件的复用性。解决问题的方法显然是将两种逻辑分离，使用高阶组件可以做到这一点。

使用高阶组件，将数据展现逻辑封装为一个组件，再通过高阶组件包装这个组件，并附加数据请求逻辑，就能达到逻辑分离的效果，代码如下：

```
function hocListWithData({dataLoader, getListFromResultData}) {
  return Comp=> {
    return class extends React.Component {
      constructor(props) {
        super();
        this.state = {
          resultData: undefined
        }
      }
      componentDidMount() {
        dataLoader()
```

< 70 >

```
              .then(data=> this.setState({resultData:data}))
        }
        render() {
          return (
            <Comp {... getListFromResultData (this.state.resultData)} {...
this.props}/>
          )
        }
      }
    }
}
```

应用 hocListWithData() 函数，通过传入不同的参数，即可生成不同的组件类，代码如下所示：

```
const StudentList = hocListWithData({
    dataLoader: loadStudents,
    getListFromResultData: result=> ({listData: result.studentList})
})(List);

const LessonList = hocListWithData({
    dataLoader: loadLessons,
    getListFromResultData: result=> ({listData: result.lessonList})
})(List);
```

通过引入高阶组件，不仅大大减少了重复代码，还把交织在一起的请求逻辑和展示逻辑分离到不同的层次中进行封装，从而为独立的管理和测试提供了更好的支持。有趣的是，在这个例子的基础上，我们还可以进一步封装出更高阶的组件，以增加更多的逻辑，比如为上面的高阶组件增加一阶，以实现属性转换的功能等。

6.5 本章小结

本章主要讨论了 React 组件的高级用法，涉及组件间通信、动态组件和高阶组件。组件间通信方式主要是参数传递和事件回调。读者要重点掌握高阶组件的原理和方法，熟练使用高阶组件是 React 技术水平进阶的标志之一。

6.6 习题

1. 组件复用有哪些方法，体现了什么思想？
2. 组件划分的原则有哪些，如何判断组件划分是否合理？
3. 编写一个在界面底部输出日志的高阶组件，以及一个具有日志输出功能的业务组件。

< 71 >

第 7 章

常用组件设计实例

本章结合实际工程环境，针对一些常用组件，从开发的角度讲解如何应用 React 技术完成实际工程设计。针对每个组件，本章均给出了详细的设计思路、源代码及代码分析，这些示例源代码位于本书配套资料的 chapter7/demoComponents 文件下。

7.1 按钮组件设计

在 HTML 中，按钮可以说是最基础、最常见的交互元素之一。在原生 DOM 中，作为按钮的标签可以采用<button>、<input>或<a>。通过施加一定的样式，这 3 种标签都可以成为在外观上没有太大区别的按钮，但是在实际使用上还是有一些区别的。<button>标签主要通过 onclick() 事件激发动作；<input>标签在被单击后会直接将表单内的数据提交到后台；<a>标签则默认通过指定链接跳转到页面中的某个位置或另外的页面，但也可以通过 onclick() 事件激发响应动作。从上面的分析来看，采用<button>标签更能体现按钮的语义。

既然可以直接使用<button>标签，那么为什么还要实现按钮组件呢？在实际工程场景中，通常要对所有按钮进行风格上的统一（如警告操作类的按钮采用醒目的颜色突出显示等）。在此基础上，还可以进一步提供多种主题风格的界面。为此，封装一个按钮组件，以便对页面的风格和行为进行统一的定制和管理，是很有必要的。

按钮组件的设计包括组件的外观、响应类型两个方面。

按钮组件的外观根据使用场景的不同，一般可以分为默认、成功、危险、警告这几类，不同的类别对应不同的样式。显然，类别应该作为按钮组件的一个输入属性，通过这个属性控制按钮的外观。

此外，按钮还可以决定是否响应用户的某些操作，如是否响应键盘操作、是否响应鼠标双击操作等。控制按钮是否响应用户某些操作的变量也可以作为按钮组件的输入属性，通过这个属性控制按钮的行为。

按钮对用户操作的响应体现为事件，这个事件可以是 onclick()、ondblclick() 等原生事件，也可以是一个名为 fired 的统一的响应事件。采用前者可以使按钮组件的适应范围更广一些。

按上面的设计，按钮组件应该具有以下属性。

（1）btnType 属性：输入属性，用于控制按钮的外观，属性值可以是 default（默认）、success（成功）、danger（危险）、warning（警告）之一，其中没有输入时的值为默认值 default。

（2）acceptKey 属性：输入属性，用于控制按钮是否接受按键操作，属性值为对应按键的码。

（3）acceptDbl 属性：输入属性，用于控制按钮是否接受鼠标双击操作。

按钮组件应具有如下事件。

（1）onkeydown()按键事件：当用户按下指定的按键时激发。按键由 acceptKey 属性指定；如果没有指定，则默认不激发。

（2）onclick()单击事件：当用户单击该按钮时激发。

（3）ondblclick()事件：当用户双击该按钮且 acceptDbl 属性为 true（真）时激发；默认不激发。

这个示例按钮组件的最终代码如下所示：

```
class ButtonComponent extends React.Component {
    constructor(props) {
        super(props);

        ButtonComponent.defaultProps = {
            btnType: "default",
        };

        ButtonComponent.propTypes = {
            btnType: React.PropTypes.string,
            acceptKey: React.PropTypes.number,
            acceptDbl: React.PropTypes.bool,
            onkeydown: React.PropTypes.func,
            onclick: React.PropTypes.func.isRequired,
            ondblclick: React.PropTypes.func
        }
    }

    keydownHandler(event) {
        console.log(this);
        var code = event.keyCode;
        if (code == this.props.acceptKey && this.props.onkeydown) {
            this.props.onkeydown();
        }
    }

    dblClickHandler() {
        console.log("this = ");
        console.log(this);
        if (this.props.acceptDbl && this.props.ondblclick) {
            this.props.ondblclick();
        }
    }

    render() {
        var clsName = "btn btn-" + this.props.btnType;
```

< 73 >

```
        return (
            <button className={clsName}
            onClick={this.props.onclick}
            onDoubleClick={this.dblClickHandler.bind(this)}
            onKeyDown={this.keydownHandler.bind(this)}>
                {this.props.children}
            </button>
        );
    }
}

function clickEventHandler(e) {
    console.log('捕获单击事件成功!');
}

function keydownEventHandler(e) {
    console.log('捕获按键事件成功!');
}

function dblClickEventHandler(e) {
    console.log('捕获双击事件成功!');
}

ReactDOM.render(
    <div>
        <ButtonComponent onclick={clickEventHandler}>不接受按键和双击事件的按钮
        </ButtonComponent>
        <ButtonComponent acceptDbl="true" btnType="success"
            onclick={clickEventHandler}
            ondblclick={dblClickEventHandler}
        >接受双击事件，不接受按键事件的按钮</ButtonComponent>
        <ButtonComponent acceptKey="13" acceptDbl="true" btnType="warning"
            onclick={clickEventHandler}
            onkeydown={keydownEventHandler}
            ondblclick={dblClickEventHandler}
        >接受按键和双击事件的按钮</ButtonComponent>
    </div>,
    document.getElementById('button-component')
);
```

在组件定义代码中，我们为按钮组件增加了属性约束，限定属性 onclick 必须为函数类型。如果实际传入的属性不是所限定的函数类型时，React 将会在编译阶段向控制台输出警告信息。实际运行时，React 不做属性约束检查。

考虑到组件 onkeydown 和 ondblclick 属性是可选的，因此，组件内部另行定义了 keydownHandler()和 dblClickHandler()两个函数作为<button>标签的事件响应函数，相当于做了一层"包裹"。在这两个函数中，再根据条件决定是否激发外部事件回调函数。

这里需要注意的是 keydownHandler()和 dblClickHandler()函数的 this 指向问题。如果不做指定，这

< 74 >

两个函数的 this 为 null。如果使用语句 this.dblClickHandler.bind(this)和 this.keydownHandler.bind(this) 绑定了这两个函数的 this 为 ButtonComponent 实例，则函数中的代码可以访问组件实例的属性数据。如果不需要获取 this 以访问组件实例的属性数据，就没有必要绑定。

7.2 模态对话框组件设计

模态对话框（Modal Dialog Box）也是界面交互的常用组件之一，在桌面应用程序中应用十分广泛。模态对话框的表现一般是在背景页面中弹出一些提示信息，并阻塞其他操作等待用户响应，直到用户单击"确定"或"关闭"按钮关闭对话框后，才能继续原来背景页面的操作。

在 Web 浏览器界面中，模态对话框的实现除了弹出显示界面外，还需要一些特殊的技巧，主要是如何屏蔽阻塞原背景页面的操作。为实现这一点，需要在当前页面上覆盖一个透明的遮罩层，然后在遮罩层上显示模态对话框元素。当前业界很多前端框架（如 jQuery 等），其模态对话框的实现基本都遵循这一原理。还有一点特殊的地方，这个遮罩层的父结点必须是<body>标签元素，否则不能遮住整个页面。也就是说，渲染的组件内容要挂接到<body>标签元素下，但是通常都是渲染到组件对应根结点下的。为此，我们需要使用 React 中的特殊 API：unstable_renderSubtree IntoContainer() 函数和 unmountComponentAtNode() 函数。从名字上来讲，前者是不稳定的，即可能会在将来的升级版本中发生改变。但不管怎么变，这个功能一定是存在的，版本升级后只需要调整这个 API 即可。

一般对话框的界面会分为三个区域：标题区、主体区和按钮区。标题区显示标题文字或图标，也可以显示关闭按钮。按钮区一般会放置"确定"和"取消"按钮。

按照上面的讨论，模态对话框组件可实现模态框的打开和关闭功能。可通过单击标题区中的"×"符号、关闭按钮或模态对话框外部区域关闭这个模态对话框。

渲染模态对话框组件时会在整个页面的<body>标签元素末尾动态追加一个<div>标签元素，弹出框和屏蔽层都放在该<div>标签元素内部，关闭模态对话框时删除该<div>标签元素。屏蔽层的 z-index 层值较大，能够屏蔽除弹出的模态对话框外的其他所有元素，从而有效阻止用户对模态对话框下面的页面元素进行单击和其他交互操作。

模态对话框组件（ModalComponent）的代码与常见的组件定义有所不同。按照前面的讨论，该组件的 render() 函数不执行任何渲染操作，直接返回 null，原因是已经在 componentDidMount() 函数和 componentDidUpdate() 函数中（第一次渲染完成后和每次组件更新传递给真实 DOM 后）调用 _renderOverlay() 函数完成了真正的渲染。_renderOverlay() 函数在真实 DOM 的<body>标签元素内部末尾插入一个空的<div>标签元素，然后调用 ReactDOM 的 unstable_renderSubtreeInto Container()函数将模态对话框的内容渲染到这个空的<div>标签元素内。当模态对话框关闭或组件即将卸载，即在 componentWillUnmount() 函数被调用时，通过调用 ReactDOM 的 unmount ComponentAtNode() 函数卸载<div>标签元素中的模态对话框元素，然后删除<div>标签元素。模态对话框组件的实现代码如下：

< 75 >

```
class ModalComponent extends React.Component {
  constructor(props) {
    super(props);
    // 限定各属性的类型
    ModalComponent.propTypes = {
      show: React.PropTypes.bool,
      onHide: React.PropTypes.func.isRequired,
      ariaLabelledby: React.PropTypes.string,
    };
    this.handleDialogClick = this.handleDialogClick.bind(this);
  }

  handleDialogClick(e) {
    // 当鼠标单击目标是事件绑定元素的子结点时，忽略该单击事件
    if (e.target !== e.currentTarget) {
      return;
    }

    // 这里控制单击模态对话框之外区域时是否关闭对话框
    this.props.onHide();
  }

  // 组件加载后，进行模态对话框的渲染
  componentDidMount() {
    this._renderOverlay();
  }

  // 组件更新后，进行模态对话框的渲染
  componentDidUpdate() {
    this._renderOverlay();
  }

  // 组件卸载前，分别从虚拟 DOM 和真实 DOM 中移除模态对话框叠层
  componentWillUnmount() {
    this._unrenderOverlay();
    this._unmountOverlayTarget();
  }

  // 在真实 DOM 的 body 元素内部的末尾插入模态对话框叠层
  _mountOverlayTarget() {
    if (!this._overlayTarget) {
      this._overlayTarget = document.createElement('div');
      this._portalContainerNode = document.getElementsByTagName("body")[0];
      this._portalContainerNode.appendChild(this._overlayTarget);
    }
  }

  // 在真实 DOM 中移除模态对话框叠层
  _unmountOverlayTarget() {
```

< 76 >

```
    if (this._overlayTarget) {
        this._portalContainerNode.removeChild(this._overlayTarget);
        this._overlayTarget = null;
    }
    this._portalContainerNode = null;
}

// 在虚拟 DOM 中插入模态对话框叠层及内容
_renderOverlay() {
    var children = this.props.show?(
    <div>
        <div className="modal-backdrop fade in" onClick={this.props. onHide}>
        </div>
            <div className="modal in fade" role="dialog" aria-labelledby={this.
            props.ariaLabelledby}
                onClick={this.handleDialogClick} style={{display: 'block', padding
                Left:0}}>
                <div className="modal-dialog">
                    <div className="modal-content">
                        {this.props.children}
                    </div>
                </div>
            </div>
    </div>
    ):(
        null
    );

    if (children !== null) {
        this._mountOverlayTarget();
        this._overlayInstance = ReactDOM.unstable_renderSubtreeIntoContainer(
            this, children, this._overlayTarget
        );
    } else {
        // 在隐藏模态对话框时，从虚拟 DOM 和真实 DOM 中移除模态对话框叠层
        this._unrenderOverlay();
        this._unmountOverlayTarget();
    }
}

// 在虚拟 DOM 中移除模态对话框叠层
_unrenderOverlay() {
    if (this._overlayTarget) {
        ReactDOM.unmountComponentAtNode(this._overlayTarget);
        this._overlayInstance = null;
    }
}

// 渲染函数不执行任何动作
render() {
```

< 77 >

```
      return null;
    }
}
```

模态对话框的顶部组件代码实现如下所示：

```
// 模态对话框顶部组件,含标题和关闭按钮
class ModalHeader extends React.Component {
    constructor(props) {
      super(props);
      ModalHeader.propTypes = {
        closeButton: React.PropTypes.bool,
        onHide: React.PropTypes.func.isRequired,
      }
    }

    render() {
      const {
        'aria-label': label,
        closeButton,
        children,
        onHide
      } = this.props;

      return (
        <div className="modal-header">
          {closeButton &&
          <button
            type="button"
            className="close"
            aria-label={this.props.label}
            onClick={onHide}
          >
            <span aria-hidden="true">
              &times;
            </span>
          </button>
          }
          {children}
        </div>
      );
    }
}
```

模态对话框的标题组件是一个无状态组件，采用了箭头函数写法，代码如下所示：

```
const ModalTitle = (props) => (
  <h4
    id={props.id}
    className="modal-title"
  >
    {props.children}
```

< 78 >

```
  </h4>
)
```

　　模态对话框的框体组件也是一个无状态组件，其实现代码如下所示：

```
const ModalBody = (props) => (
  <div className="modal-body">
    {props.children}
  </div>
)
```

　　模态对话框的底部组件，其实现代码如下所示：

```
// 模态对话框底部组件，无状态组件
const ModalFooter = (props) => (
  <div className="modal-footer">
    {props.children}
  </div>
);
```

　　使用模态对话框的示例代码如下：

```
// 一个完整的示例模态对话框组件
class MyModal extends React.Component {
  constructor(props) {
    super(props);
    this.state = {
        showModal: false
    }
    this.onClose = this.onClose.bind(this);
    this.onOpen = this.onOpen.bind(this);
  }

  onClose() {
    this.setState({showModal: false});
  }

  onOpen() {
    this.setState({showModal: true});
  }

  render() {
    return (
      <div>
        <button className="btn btn-default" onClick={this.onOpen}>弹出模态对话框
        </button>
        <ModalComponent show={this.state.showModal} ariaLabelledby={this.
        props.ariaLabelledby}
          onHide={this.onClose}>
          <ModalHeader closeButton aria-label="Close" onHide={this.onClose}>
            <ModalTitle id={this.props.ariaLabelledby}>Modal 标题</ModalTitle>
          </ModalHeader>
```

< 79 >

```
        <ModalBody>
          Modal 内容
        </ModalBody>
        <ModalFooter>
          <button type="button" className="btn btn-default" onClick={this.
          onClose}>关闭</button>
        </ModalFooter>
      </ModalComponent>
    </div>
  );
  }
}

ReactDOM.render(
  <MyModal ariaLabelledby="modal-label"/>,
  document.getElementById("modal-component")
);
```

　　示例中的模态对话框页面显示效果如图 7-1 所示。该 MyModal 组件展示了模态对话框组件的创建方式，该组件拥有名为 showModal 的状态，并提供 onOpen()函数和 onClose()函数分别对该状态进行操作，实现模态对话框的打开和关闭功能。用户可以采用示例提供的 Header 组件、Body 组件和 Footer 组件对模态对话框的内容进行规范布局，也可按照实际情况在 ModalComponent 组件标签内扩展自己的模态对话框内容。

　　这里模态对话框的内容采用了动态子组件设计思路，通过框体组件、框底组件、标题组件，既整体约束了对话框设计，又放开了对具体内容的限定，值得我们学习。这样的思路也同样适用于弹出式菜单、下拉式菜单、Tooltip 提示组件等的设计。

图 7-1　模态对话框页面显示效果

7.3　树形组件设计

　　在 Web 应用的开发中，也常常会遇到诸如组织机构、类别目录等内容的显示需求，这些数据的共性是具有树形结构，最好使用树形控件来展示数据的上下级关系和同级顺序。很多商用前端框架如 Sencha Ext、Kendo UI 等都提供树形控件。在开源世界，也有一款由国人开发的、基于 jQuery 的著名树形插件——zTree，提供多级数据展现、结点展开/收起、鼠标事件响应等诸多功能，很受欢迎。

< 80 >

下面的示例参考 zTree 插件，基于 React 实现了一个具有多级数据展现、结点展开/收起、单击事件函数自定义的 React 树形组件 TreeComponent。树形数据结构页面显示效果如图 7-2 所示。

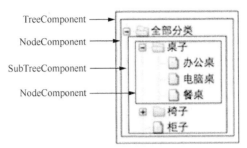

图 7-2　树形数据结构页面显示效果

树形数据结构的层级数在开发时是未知的，因此树形组件需要采用递归方式定义，即组件里包含了同名组件，这也是树形组件的特殊之处。树形组件内部又定义了结点组件 NodeComponent 和子树组件 SubTreeComponent 两个子组件。NodeComponent 对应描述结点，每个 NodeComponent 包含开合按钮、图标、名称。如果该结点还存在下级结点的话，则由 SubTreeComponent 来描述。SubTreeComponent 与 TreeComponent 类似，也由一组 NodeComponent 组成。这两类组件统一由 TreeComponent 进行控制和协调。

为方便后端处理，TreeComponent 通常接收的是列表型数据，经过内部处理后组装为树形数据作为内部状态数据。输入的列表型数据为对象数组，每个对象包含 id、pId、name、open（可选）等属性，对象的上级对象由 pId 属性指定，根对象的 pId 为 -1，也可以为 null。

在 TreeComponent 的构造函数中对 nodeList 属性的类型进行了限定。TreeComponent 的初始数据通过 nodeList 属性传入，同时 TreeComponent 组件也在内部维持了一份同样命名为 nodeList 的状态数据，但此状态数据的类型不再是对象数组，而是经过处理后的树形对象，每个对象在其内部的 children 属性中记录其子对象列表。这里 TreeComponent 采用内部状态数据的设计，支持树形结构的结点重命名、增、删或变更父子关系等修改操作，但本例并未实际实现这些功能，读者可以自行实现。

TreeComponent 组件的代码如下所示：

```
class TreeComponent extends React.Component {
  constructor(props) {
    super(props);
    TreeComponent.defaultProps = {
      // 可以不提供 onClickFunc 属性(即，鼠标单击结点事件的处理函数)，此时需给出一个默认值
      onClickFunc: function () {}
    };
    // 限定各属性的类型
    TreeComponent.propTypes = {
      treeId: React.PropTypes.string.isRequired,
      onClickFunc: React.PropTypes.func,

      // 每个结点数据中必须包含 id 和 pId
      nodeList: React.PropTypes.arrayOf(
```

< 81 >

```
            React.PropTypes.shape({
                id: React.PropTypes.oneOfType([
                    React.PropTypes.string.isRequired,
                    React.PropTypes.number.isRequired,
                ]),
                pId: React.PropTypes.oneOfType([
                    React.PropTypes.string.isRequired,
                    React.PropTypes.number.isRequired,
                ]),
                name: React.PropTypes.string.isRequired,
                open: React.PropTypes.bool
            })
        )
    };

    this.state = this.initialState();
}

// 根据传入的 nodeList 属性，构造一个树形的结点结构——nodeList 数组
initialState() {
  var nodeList = [];
  for(var i=0;i<this.props.nodeList.length;i++){
    var found = false;
    for(var j=0;j<this.props.nodeList.length;j++){
      if(i==j)continue;

      // 找到每个结点的父结点并将其放入父结点的结点列表中
      if(this.props.nodeList[i].pId == this.props.nodeList[j].id){
          found = true;
          if(!this.props.nodeList[j]["children"])
              this.props.nodeList[j]["children"]=[this.props.nodeList[i]];
          else this.props.nodeList[j]["children"].push(this.props.nodeList[i]);
      }
    }
    // 找不到父结点的结点即为根结点，并放入 nodeList 数组中。非根结点均存在根结点的子结
点列表中
    if(!found){
      nodeList.push(this.props.nodeList[i]);
    }
  }
  // 将 nodeList 数组作为组件状态返回
  return {nodeList:nodeList};
}

render() {
  return (
    // 一个树形组件可视为由多个结点组件的列表构成，每个结点组件则包含开合按钮、图标、名称
及其 SubTreeComponent 组件（仅在当前结点不是叶子结点时有 SubTreeComponent 组件）
    <ul id={this.props.treeId} className="react_tree">
```

< 82 >

```
      {this.state.nodeList.map(function (node, i) {
        return <NodeComponent key={node.id + "_child_" + i} node={node}
        treeId={this.props.treeId}
          onClickFunc={this.props.onClickFunc}/>
      }.bind(this))}
    </ul>
  );
  }
}
```

NodeComponent 结点组件内部包含名为 open 的状态属性。NodeComponent 根据 this.props.node.children 值是否为空来判断当前结点有无子结点，根据 open 状态属性的值决定展开还是折叠子结点，其代码如下所示：

```
class NodeComponent extends React.Component {
  constructor(props) {
    super(props);
    this.state = {
      open: this.props.node.open == true
    };
    this.openOrClose = this.openOrClose.bind(this);
    this.onNodeClick = this.onNodeClick.bind(this);
  }
  openOrClose() {
    this.setState({open: !this.state.open});
  }
  // 响应鼠标单击结点事件，将调用用户自定义的 onClickFunc()方法
  onNodeClick(event) {
    var treeId = this.props.treeId,
      treeNode = this.props.node;
    //除 event 外，还将 treeId 和 treeNode 两个参数传入 onClickFunc()方法
    this.props.onClickFunc.call(this, event, treeId, treeNode);
  }
  render() {
    var openClass = "center_close", icoClass = "ico_close";
    if(!this.props.node.children || this.props.node.children.length == 0){
      openClass = "center_docu";
      icoClass = "ico_docu";
    }
    else if(this.state.open){
      openClass = "center_open";
      icoClass = "ico_open";
    }
    var idPrefix = this.props.treeId + "_" + this.props.node.id;
    return (
      <li id={idPrefix}>
        <span id={idPrefix + "_switch"} className={"button switch " + openClass}
          onClick={this.openOrClose}></span>
        <a id={idPrefix + "_a"} onDoubleClick={this.openOrClose} onClick=
        {this.onNodeClick}>
```

< 83 >

```
                <span id={idPrefix + "_ico"} className={"button " + icoClass}></span>
                <span id={idPrefix + "_span"}>{this.props.node.name}</span>
            </a>
            {(openClass == "center_open")?
            <SubtreeComponent subtreeId={idPrefix + "_ul"} treeId={this.props.treeId}
                nodeList={this.props.node.children}
                onClickFunc={this.props.onClickFunc}/>:
                ""
            }
        </li>
    );
    }
}

function onClickFunc(event, treeId, treeNode) {
    console.log(event, treeId, treeNode);
}

ReactDOM.render(
    <TreeComponent treeId={"myTree"} nodeList={treeNodes} onClickFunc= {onClick
    Func}/>,
    document.getElementById("tree-component")
);
```

SubTreeComponent 组件主要渲染其下级结点，其代码如下：

```
const SubtreeComponent = (props) => (
 <ul id={props.subtreeId} className="line">
    {props.nodeList.map(function (node, i) {
      return <NodeComponent key={node.id + "_child_" + i} node={node} treeId=
      {props.treeId} onClickFunc={props.onClickFunc}/>
    })}
  </ul>
)
```

7.4 表格及分页组件设计

查询、查看集合型数据，对很多应用来说几乎都是必不可少的。集合型数据通常采用 AJAX 请求，获取的是对象数组数据。这些对象数组通常采用二维表格的形式进行展示。如果数据规模较大，则还需要考虑实现分页功能。分页功能可以在后端实现，即后端按照请求的分页参数返回数据；也可以在前端实现，即前端对请求到的数据自行划分。我们只讨论前者，后者的实现相对前者来说主要少了分页参数请求，多了前端的数据划分实现，在数据处理上有所不同，但界面呈现逻辑是相同的。

表格组件最基本的设计需求是能按预先设定的列，显示多行数据。输入的数据是对象数组。对象数组中的每一个对象对应表格的一行数据，对象属性对应为表列。在此基础上，按实际使用

< 84 >

需求，还可以有更多的功能，如显示窗口过小时提供滚动条、在线编辑、按列排序、表列冻结、按列过滤、多层复合表头、按列汇总、分组显示等。完善的表格组件实现起来是很复杂的，本节主要展示 React 技术在表格组件的基本设计思路和方法，实现基本的数据显示和按列排序功能。很多开源 React 组件库（如 Ant 等）都提供高级表格组件，读者可以自行下载源代码并研究学习。

　　本节基于 React 设计实现了一个带排序和分页功能的表格复合组件，其内部包括表格体组件、表格头组件和分页组件。表格体组件主要渲染展示数据；表格头组件主要展示数据的属性信息，也提供对列的排序交互操作；分页组件为表格提供翻页功能，以及接受用户的输入，如每页显示行数、跳转到指定页等。

7.4.1　表格体组件

　　按照前面的分析，表格体（Body）组件应接收数据和展示数据，其属性只有一个，即 Data 属性；其数据的格式应为对象数组。表格体组件内部包含 Row 组件和 Cell 组件。表格体组件逻辑较为简单，这里直接采用了无状态组件写法，代码如下所示：

```
const Body = (props) => (
  <tbody>
    {props.data.items.map(function(item, i) {
      return <Row key={i} item={item} columns={props.data.columns} />
    })}
  </tbody>
)

const Row = (props) => (
  <tr>
    {props.columns.map(function (column, i) {
      return <Cell key={i} column={column} value={props.item[column.key]} />
    })}
  </tr>
)

const Cell = (props) => {
  function renderCell(column, value) {
    switch (column.type) {
    case 'Number':
      return value;
      break;
    case 'String':
      return value;
      break;
    case 'Image':
      return React.createElement('img', {src: value}, null);
      break;
    }
  }
  return (<td>{renderCell(props.column, props.value)}</td>);
}
```

< 85 >

一个表格体组件包含多个 Row 组件，一个 Row 组件则由多个 Cell 组件构成，Cell 组件用于展示单个数据项。这里的 Cell 组件仅支持数据、字符串和图片类型的数据项。实际使用时，用户还可以自行扩展。

7.4.2　表格头组件

表格头（Head）组件用于展现表头，包含多个 HeadCell 组件。每个 HeadCell 组件对应实现一个列的展现，并监听鼠标单击事件对相应列的排序。HeadCell 组件接收 column 属性、direction 属性、onSort 属性、showArrow 属性。column 属性提供列名信息；direction 属性决定当前排序的箭头方向是升序还是降序；onSort 属性记录事件回调函数，用于通知外界发生了排序操作；showArrow 属性控制当前 HeadCell 组件是否显示箭头，只有当前排序列才会显示箭头。当前排序列保存在 Head 组件的 this.props.data.paginate.col_name 属性值中，该值被传递到 HeadCell 组件，HeadCell 组件据此决定本列是否显示排序标志。代码如下所示：

```
const Head = (props) => (
  <thead>
    <tr>
      {props.data.columns.map(function (column, i) {
        return <HeadCell key={i} column={column} direction={props.data. paginate.
        direction} onSort={props.onSort}
                  showArrow={props.data.paginate.col_name == column.key}/>
      })}
    </tr>
  </thead>
)
class HeadCell extends React.Component {
  constructor(props) {
    super(props);
    HeadCell.propTypes = {
      showArrow: React.PropTypes.bool
    };
  }

  render() {
    var arrow = "glyphicon-arrow-up";
    if(this.props.direction === "desc" ){
      arrow = "glyphicon-arrow-down";
    }
    var iDOM = (this.props.showArrow)? (<i className={"glyphicon "+ arrow}/>): null;
    return (
      <th>
        <a href="#" data-column={this.props.column.key} data-direction={this.
        props.direction === "desc" ?
          "desc" : "asc"} role="button" tabIndex="0" onClick={this.props.onSort}>
          {this.props.column.label}
          {iDOM}
        </a>
```

< 86 >

```
    </th>
  );
 }
}
```

在此基础上，读者也可以考虑扩展为多层表头设计，并提供按列汇总等功能。

7.4.3 分页组件

内部的分页组件配合表格使用，主要实现对表格型数据的分页控制，其要素包括概要显示、配置和交互三方面的内容。概要显示包括页面总数、当前页码等信息，配置提供了页内显示数据行数的控制选项，交互则提供了数据刷新、页面切换（前后页跳转、首末页跳转、按页号跳转）控制选项。分页组件是表格组件中主要的交互子组件，其页面显示效果如图 7-3 所示。

图 7-3 分页组件页面显示效果

从组成上来看，分页组件由一组按钮、一个输入框、一个文件显示区域构成。

分页组件的属性设计首先应有来源数据信息。来源数据信息描述数据总行数（total）、页内数据行数（pageSize）、页数（pages）、当前页号（pageNum）等信息。这里将来源数据信息统一设计为 Data 属性，其具体结构如下所示：

```
{
  columns: [{key: String, label: String, type: String}, ...],
  items: Array,
  paginate: { pageSize: Number, pageNum: Number, pages: Number, offset: Number,
  total: Number,
    col_name: Number , direction: Number}
}
```

其次，当用户单击页面控制按钮或输入了新的页号时，分页组件要将这些事件发送给表格组件，这里采用事件属性机制，由表格组件传入。为此，分页组件的事件属性应包括 onFirst()、onLast()、onPrev()、onNext()、onRefresh()、onChange() 6 个事件，分别对应首页、尾页、上一页、下一页、刷新 5 个按钮单击事件和每页数据条目数更改事件。

为提高易用性，在当前页面已是第一页（或最后一页）时，首页和上一页按钮（或尾页和下一页按钮）将变为无效状态，此时 disabled 属性值为 true（真）。代码如下所示：

```
class Foot extends React.Component {
  constructor(props) {
    super(props);
    Foot.propTypes = {
      onFirst: React.PropTypes.func,
      onPrev: React.PropTypes.func,
      onNext: React.PropTypes.func,
      onLast: React.PropTypes.func,
      onRefresh: React.PropTypes.func,
```

< 87 >

```
        onChange: React.PropTypes.func,
        data: React.PropTypes.shape({
          columns: React.PropTypes.array,
          paginate: React.PropTypes.shape({
            pageSize: React.PropTypes.number,
            pageNum: React.PropTypes.number,
            pages: React.PropTypes.number
          })
        })
    };
  }

  render () {
    return (
      <tfoot>
      <tr>
        <td colSpan={this.props.data.columns.length}>
          <div className="pull-left">
            <Button text="<<首页" onClick={this.props.onFirst}
              disabled={this.props.data.paginate.pageNum === 1} />
            <Button text="<上一页" onClick={this.props.onPrev}
              disabled={this.props.data.paginate.pageNum === 1} />
            <Button text="下一页>" onClick={this.props.onNext}
              disabled={this.props.data.paginate.pageNum === this.props. data.
              paginate.pages} />
            <Button text="尾页>>" onClick={this.props.onLast}
              disabled={this.props.data.paginate.pageNum === this.props. data.
              paginate.pages} />
            <Button text="刷新" onClick={this.props.onRefresh} disabled={false} />
          </div>
          <div className="pull-left" style={{marginLeft:'30px'}}>
            <span>每页</span>
            <select onChange={this.props.onChange} value={this.props.data.
            paginate.pageSize}
                className="page-number-select" name="pageSize">
              <Option value="5" />
              <Option value="10" />
            </select>
            <span>行</span>
          </div>
          <div className="pull-right">
            <span className="footer-style">第{this.props.data.paginate.pageNum}
              页(共{this.props.data.paginate.pages}页)</span>
          </div>
        </td>
      </tr>
      </tfoot>
    );
  }
}
```

< 88 >

代码中的 Foot 组件使用了 Button 和 Option 组件。与 7.1 节中的 Button 组件相比，这里的 Button 组件还需传入 disabled 属性，通过该属性可以激活或禁用按钮，代码如下所示：

```
class Button extends React.Component {
  constructor(props) {
    super(props);
    Button.propTypes = {
      disabled: React.PropTypes.bool
    };
  }

  render() {
    return (
      <button type="button" className="btn btn-default" onClick={this. props.
      onClick}
        disabled={this.props.disabled}>
        {this.props.text}
      </button>
    )
  }
}

const Option = (props) => (
  <option value={props.value}>{props.value}</option>
)
```

7.4.4　表格组件

表格组件（GridComponent）是表格和分页组件的结合体和控制中心，主要负责初始数据加载及表格头组件、表格体组件和分页组件的控制与协调。

表格组件由表格头组件、表格体组件和分页组件构成。组件的分页和排序功能分别由 loadData() 函数和 sortDataFunc() 函数实现。loadData() 函数首先根据当前分页大小重新计算页码和分页数，随后计算当前页码对应的数据起止索引，获取相应的数据，并最终渲染到页面。sortDataFunc() 函数实施数据排序算法，按照升序和降序声明了两个比较函数，可对数据的指定列进行排序，排序列由 this.state.data.paginate.col_name 值决定，排序方向由 this.state.data. paginate.direction 值决定。表格组件实现了 getFirst()、getLast()、getPrev()、getNext()、changeRow Count() 函数，用以响应分页组件的首页、尾页、上一页、下一页按钮单击和每页行数更改事件；sortData()函数响应表格列头的鼠标单击事件，并调用 sortDataFunc()函数完成排序。具体代码如下所示：

```
class GridComponent extends React.Component {
  constructor(props) {
    super(props);
    this.state = {
      data: {
        columns: [{key:'userName',label:'姓名',type:'String'}, {key:'user
        Account',label:'账号',type:'String'}],
```

< 89 >

```
          items: [],
          paginate: {
            pageNum: 1,
            pageSize: 10,
            pages: Math.ceil(all_items.length/10),
            offset: 0,
            total: all_items.length,
            col_name: "userName",
            direction: "asc"
          }
        }
    };
    this.sortData = this.sortData.bind(this);
    this.getFirst = this.getFirst.bind(this);
    this.getNext = this.getNext.bind(this);
    this.getLast = this.getLast.bind(this);
    this.getPrev = this.getPrev.bind(this);
  }

  sortDataFunc() {
    // 按字符串正向排序
    function ascCompare(propertyName) {
      return function (obj1, obj2) {
        var value1 = obj1[propertyName];
        var value2 = obj2[propertyName];
        if(!value1) return -1;
        if(!value2) return 1;
        if(typeof value1 == 'string')
            return value1.localeCompare(value2);
        return 0;
      }
    }
    // 按字符串逆向排序
    function descCompare(propertyName) {
      return function (obj1, obj2) {
        var value1 = obj1[propertyName];
        var value2 = obj2[propertyName];
        if(!value1) return 1;
        if(!value2) return -1;
        if(typeof value1 == 'string')
            return -value1.localeCompare(value2);
        return 0;
      }
    }
    if (this.state.data.paginate.direction =='asc')
      all_items.sort(ascCompare(this.state.data.paginate.col_name));
    else
      all_items.sort(descCompare(this.state.data.paginate.col_name));
  }
```

< 90 >

```
loadData() {
  // 分页大小是变化的，需要判断当前页面是否超出范围
  var pages = Math.ceil(all_items.length/this.state.data.paginate.pageSize);
  var pageNum = this.state.data.paginate.pageNum;
  if(pageNum > pages)pageNum = pages;

  // 计算当前页包含的数据项的起止范围并取出
  var start = (pageNum-1) * this.state.data.paginate.pageSize + this.state.
  data.paginate.offset;
  var endp = start + parseInt(this.state.data.paginate.pageSize);
  var end = (endp > all_items.length) ? all_items.length : endp;
  var result = all_items.slice(start, end);

  // 构造新的组件状态
  var data = {
    columns: [{key:'userName',label:'姓名',type:'String'}, {key:'userAccount',
    label:'账号',type:'String'}],
    items: result,
    paginate: {
      pageNum: pageNum,
      pageSize: this.state.data.paginate.pageSize,
      pages: pages,
      offset: 0,
      total: all_items.length,
      col_name: this.state.data.paginate.col_name,
      direction: this.state.data.paginate.direction
    }
  };
  this.setState({paginate: data.paginate});
  this.setState({data: data});
}

componentDidMount() {
  this.sortDataFunc();
  this.loadData();
}

getFirst() {
  this.setState({paginate: $.extend(this.state.paginate, { pageNum: 1 })});
  this.loadData();
}

getPrev() {
  this.setState({paginate: $.extend(this.state.paginate, { pageNum: this.
  state.paginate.pageNum - 1 })});
  this.loadData();
}

getNext() {
```

< 91 >

```
      this.setState({paginate: $.extend(this.state.paginate, { pageNum: this.
      state.paginate.pageNum + 1 })});
      this.loadData();
    }

    getLast() {
      this.setState({paginate: $.extend(this.state.paginate, { pageNum: this.
      state.paginate.pages })});
      this.loadData();
    }

    changeRowCount(e) {
      var el = e.target;

      this.setState({paginate: $.extend(this.state.paginate, { pageSize: el.
      options[el.selectedIndex].value })});
      this.loadData();
    }

    sortData(e) {
      e.preventDefault();
      var el = e.currentTarget,
        col_name = el.getAttribute("data-column"),
        previousDirection = el.getAttribute("data-direction");
      var direction = (previousDirection === "desc") ? "asc" : "desc";
      console.log(previousDirection,el);
      this.setState({paginate: $.extend(this.state.paginate, { col_name: col_name,
      direction: direction })});
      this.sortDataFunc();
      this.loadData();
    }

    render() {
      return (
        <table className="table table-striped table-bordered table-hover">
          <Head data={this.state.data} onSort={this.sortData} />
          <Body data={this.state.data} />
          <Foot data={this.state.data} onFirst={this.getFirst} onPrev={this.
          getPrev} onNext={this.getNext}
            onLast={this.getLast} onChange={this.changeRowCount} onRefresh=
            {this.loadData}/>
        </table>
      );
    }
}

ReactDOM.render(
  // 实际使用时，数据一般通过 url 请求获取，本示例中直接在本地加载
  <GridComponent url="xxx/xxx"/>,
  document.getElementById("grid-component")
);
```

< 92 >

为简化设计，该组件仅完成了前端排序和分页，而服务器端排序、分页功能开发的主要工作是前后端参数对接及后端数据库查询操作，对前端组件依赖较少，这里不做考虑。表格组件页面的显示效果如图 7-4 所示。

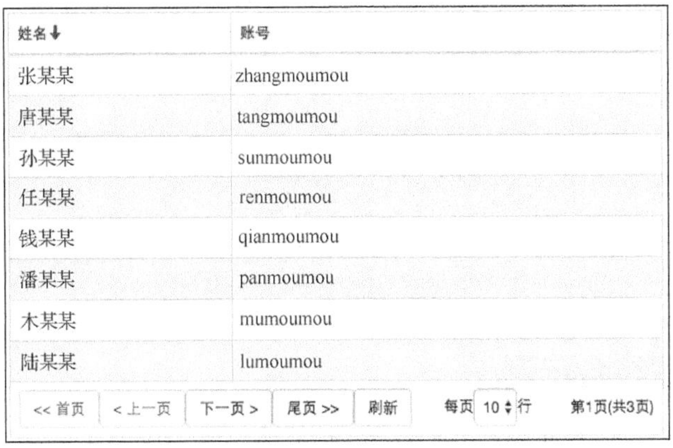

姓名↓	账号
张某某	zhangmoumou
唐某某	tangmoumou
孙某某	sunmoumou
任某某	renmoumou
钱某某	qianmoumou
潘某某	panmoumou
木某某	mumoumou
陆某某	lumoumou

<< 首页 | < 上一页 | 下一页 > | 尾页 >> | 刷新 | 每页 10 行 | 第1页(共3页)

图 7-4　表格组件页面显示效果

表格组件的排序效果如图 7-5 所示。

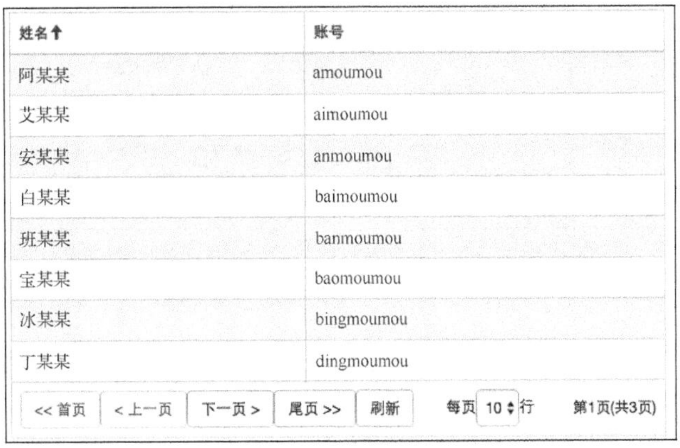

姓名↑	账号
阿某某	amoumou
艾某某	aimoumou
安某某	anmoumou
白某某	baimoumou
班某某	banmoumou
宝某某	baomoumou
冰某某	bingmoumou
丁某某	dingmoumou

<< 首页 | < 上一页 | 下一页 > | 尾页 >> | 刷新 | 每页 10 行 | 第1页(共3页)

图 7-5　表格组件的排序效果

7.5 综合示例

7.5.1 树表联动综合示例

本小节将前面的树形组件和表格组件结合起来，展示一个综合性树表联动应用示例——grid-ztree，对应实例包中的 grid-ztree.HTML 文件。这个示例展示了按结点选取数据项的功能。单击左边树中的结点，右边的表格组件显示对应筛选过滤的结果内容。只要理解了前面树形组件和表格组件的要领，其实现就很简单了。这里不再展开，读者可以自行下载查看分析源代码。该示例的运行效果如图 7-6 所示。

图 7-6　树表联动综合示例的运行效果

7.5.2　消息管理综合示例

消息管理综合示例提供了消息输入、列表展示、状态展示及删除等功能，对应实例包文件夹为 chapter7/ example-comprehensive，其运行效果如图 7-7 所示。

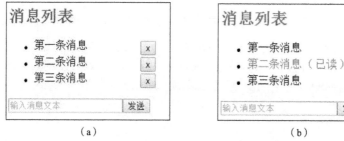

　　　　　（a）　　　　　　　　　　　　　　　　　（b）

图 7-7　消息管理综合示例的运行效果图

整体界面分上下两个部分，上部展示现有消息列表和消息状态，下部用来输入新的消息。单击上部的消息条目会使消息变灰并增加"（已读）"字样，单击条目右边的"×"按钮可以删除该条消息；在下部的文本输入框中输入消息后单击"发送"按钮，新增的消息将会出现在消息列表中。

本书在前面章节的示例演示都采用 1.5.3 小节中提到的在线 Babel 转义方法。但在实际生产工程中，都是提前将 JSX 代码转义为 JavaScript 代码，并压缩打包，再发布到生产环境中。图 7-7 所示的消息管理综合示例就是这样一个预先转义并压缩打包的例子，项目文件夹下的 bundle.js 文件实际上是经过 Babel 转义和打包之后的代码，不具有可读性。至于如何打包生成这样的文件，我们后面再详细讨论。

为便于读者把握本质，下面给出 App 组件的部分关键代码：

```
export default class App extends React.Component {
  render() {
    return (
      <div>
        <h2>消息列表</h2>
        <MessageList/>
```

< 94 >

```
      <AddMessage/>
    </div>
  );
  }
}
```

MessageItem 组件代码如下所示：

```
export default class MsgList extends React.Component {
  constructor(props) {
    super(props);
    this.onChange = this.onChange.bind(this);
    this.state = MsgStore.getAll();
  }

  componentDidMount() {
    MsgStore.addChangeListener(this.onChange);
  }

  componentWillUnmount() {
    MsgStore.removeChangeListener(this.onChange);
  }

  onChange() {
    this.setState(MsgStore.getAll());
  }

  render() {
    const MsgItems = this.state.Msgs.map(Msg => {
      return (
<MsgItem key={Msg.id} Msg={Msg}/>
      );
    });
    return (
<ul>{MsgItems}</ul>
    );
  }
}

const MsgStore = assign({}, EventEmitter.prototype, {
  items: {
    msgs: [
      { id: 0, content: '第一条消息', hasRead: false },
      { id: 1, content: '第二条消息', hasRead: false },
      { id: 2, content: '第三条消息', hasRead: false },
    ]
  },

  nextId: 3,

  getAll: function getAll() {
```

< 95 >

```
      return this.items;
    },

  emitChange: function emitChange() {
      this.emit('change');
    },

  addChangeListener: function addChangeListener(callback) {
      this.on('change', callback);
    },

  removeChangeListener: function removeChangeListener(callback) {
      this.removeListener('change', callback);
    },

  sendMsg: function sendMsg(message) {
      const msgs = this.items.msgs;
      if (!msgs || typeof this.items.msgs.length !== 'number') {
          this.items.msgs = [];
      }
      message.id = this.nextId++;
      message.hasRead = false;
      this.items.msgs.push(message);
    },

  toggleRead: function toggleRead(id) {
      this.items.msgs = this.items.msgs.map(message => {
          if (message.id === id) {
              message.hasRead = !message.hasRead;
          }
          return message;
      });
    },

  deleteMessage: function deleteMessage(id) {
      this.items.msgs = this.items.msgs.filter((message) => message.id !== id);
    }
});

export default MsgStore;
```

　　这个实例的特点是在界面组件之外还维持了一个名为 MsgStore 的全局对象，用以存放消息列表数据。MsgStore 全局对象提供和封装了对消息条目的操作，以及数据发生变更时的回调函数注册接口，这实际上就是一个前端应用数据管理框架的雏形。对于较大型的前端应用工程项目，数据管理往往是其核心组成部分之一，这个示例提供了一个基础的数据管理思路。在后续章节中，我们还会探讨 React 中标准的、更高级的数据管理框架。

　　下一个阶段，我们重点从工程的角度来探讨 React 的开发，以及在此基础上的一些更为高级的技术。

< 96 >

7.6 本章小结

本章主要介绍了按钮、模态对话框、树形结构、表格等常用组件设计的基本原理、思路和具体编写，并展示了两个综合运用的示例。通过这些组件设计实例，读者可以实际验证 React 设计思想，并熟悉常用组件的使用方法。实际商业组件虽然有所区别，但使用的要点都是相似的。

7.7 习题

1. 参考模态对话框组件，设计一个 Tooltip 提示组件，即鼠标停留在某个标签上时，以类似气泡的方式弹出一个文本框，显示一段帮助信息；鼠标移出该标签后，文本框消失。
2. 借鉴模态对话框和树形组件的设计思路，实现一个多层级菜单组件。

< 97 >

第 8 章　React 开发环境与工具

在传统前端开发方式下，JavaScript 只能运行在浏览器中，存在调试、测试手段单一，代码易压缩、混淆，配置烦琐等痛点。现代前端开发方式强调组件化开发，并配套提供相应的开发工具和环境，极大地提高了开发效率。本章重点讨论 React 的工程化开发环境和相关工具。

8.1　Node.js 环境

JavaScript 最初是作为嵌入在浏览器中运行的脚本语言出现的。随着业界对前端开发的重视，JavaScript 的使用也越来越广泛。后来，Google 公司推出的 Chrome V8 引擎革命性地提高了 JavaScript 的运行性能，使 JavaScript 也扩展到了后端应用领域。现代的 JavaScript 已经是一个具有完整生态的语言平台。Node.js 就是支持 JavaScript 独立运行的语言环境，它也是基于 Chrome V8 引擎实现的。基于 Node.js 环境，JavaScript 代码既能在服务器端运行，也能在浏览器中运行，从而提供了前后端统一的技术栈。事实上，基于 Node.js 的服务器端应用已经非常广泛，很多工业环境都使用了 Node.js 的 Web 服务架构。

Node.js 使用事件驱动、非阻塞式 I/O 模型，具有轻量、高效的特点，是编写高吞吐量网络服务程序的优秀候选平台之一。

Node.js 提供配套的中央仓库式模块管理机制，使用 NPM（Node Package Manager，Node.js 打包管理工具）工具进行模块管理和分发。事实上，NPM 工具如今已成为发布 Node 模块（包）的标准，与 Node.js 绑定分发。

8.1.1　Node.js 环境的安装

以 Windows 平台安装为例，从 Node.js 官网下载 node.msi 安装文件，里面包含了 Node.js 运行环境软件和 NPM 工具。双击 node.msi 文件，选择好安装路径，再选中 npm package manager 项，开始安装流程，如图 8-1 所示。

Node.js 软件新版本会自动将运行路径写入环境变量，从而可以直接在控制台运行 Node 命令，如查看 Node.js 版本的命令是 "node --version"。

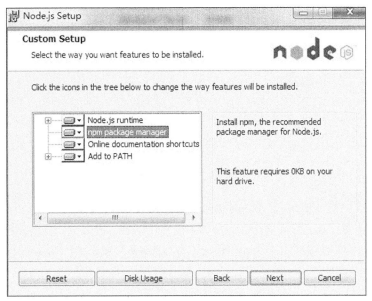

图 8-1 Node.js 环境的安装

8.1.2 最简 Web 服务

为了促进对 Node.js 环境的了解，我们使用 Node.js 搭建一个最简的 Web 服务。

1. 编写测试代码 test.js

在任意位置建立项目文件夹，这里为 D:\simpleService。由于有的 JavaScript 模块会存在编码问题，因此项目文件夹路径中最好不要包含中文。在 D:\simpleService 文件夹下新建 simpleService.js 文件，该文件应以 UTF-8 编码格式保存。

在 D:\simpleService\simpleService.js 中输入以下代码：

```
var http = require('http');
http.createServer(function (request, response){
  response.writeHead(200, {'Content-Type':'text/plain'})
  response.end("hello,world\n");
}).listen(8088);

console.log('Web 服务已运行，请访问 http://localhost:8088');
```

2. 运行

在命令行窗口中切换到 D:\simpleService 目录下，输入 node .\ simpleService.js，按回车键后运行成功。Node 运行成功的界面如图 8-2 所示。

图 8-2 Node 运行成功的界面

< 99 >

在浏览器中输入 http://localhost:8088/，可以看到 Web 服务器已经启动，并向浏览器输出了信息，如图 8-3 所示。

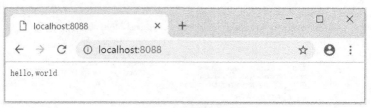

图 8-3　页面显示效果

可以看到，这里的 Node.js 代码实际上是在服务器端运行的。在 Node.js 环境下，JavaScript 不再是一门前端语言，而是贯通前端和后端的一门通用语言，成为一个全栈式的语言解决方案，这也是 Node.js 环境最大的特点。当前，Node.js 已经成为业界主流的 Web 开发技术之一，基于 Node.js 技术的成功商用实例非常多。

8.1.3　React 服务器端渲染

基于 Node.js 的全技术栈还具有一个特性——服务器端渲染，顾名思义，就是在服务器端渲染组件。合理地使用服务器端渲染，可以获得搜索引擎友好、首页加载速度更快等好处，在某些场合具有积极的意义。但由于该技术要求后端必须基于 Node.js 技术栈实现，也就是前后端是同构的，其实现技术要有后端支持，相对复杂，因此使用上有一些限制，这里就不再展开了。对服务器端渲染有兴趣的读者，可以访问 React 官网进行学习。服务端渲染主要适用于对搜索引擎友好度和首页加载速度有要求的网站，如信息发布类网站、活动推广类网站等。另外，也可以采用服务器端渲染和客户端渲染相结合的混合架构进行组件渲染，即对首页采用服务器端渲染，对交互性强的页面采用客户端渲染。

8.2　NPM 模块管理

Node.js 的发布包中同时也集成了 NPM 模块管理工具，默认情况下我们安装好 Node.js 的同时也就装好了 NPM 工具。当前 NPM 已经成为一个前端工程管理工具，掌握 NPM 工具的使用是现代前端开发不可缺少的技能。

NPM 工具的主要功能是 JavaScript 模块管理，包括从互联网上的中央代码仓库自动下载 JavaScript 模块到本地工程中、运行模块、发布上传 JavaScript 模块等。在工程开发的一般过程中，首先就要用 NPM 工具下载工程所依赖的模块。下载的模块有两类用处：一类是辅助开发的工具模块，如打包工具、测试工具等，这类模块仅仅在开发时使用，发布时不需要；另一类是开发和发布都需要包含的模块，如 React 基本库等。整个开发过程包括单元测试、调试运行、打包发布等，基本上都是在 NPM 工具的管理下进行的。

下面简单介绍 NPM 工具与 React 开发有关的一些使用方法。

< 100 >

8.2.1 NPM 模块安装

在当前目录下，运行如下命令：

```
npm install 模块名
```

则会自动从中央代码仓库下载该模块，放到当前目录的 node_modules 子目录下（如不存在 node_modules 子目录，则创建它），安装好之后就可以在工程中引入已经安装好的模块。NPM 工具的模块安装分为本地安装（local）、全局安装（global）两种。上面的命令执行的就是本地安装，全局安装则会将模块放在 /usr/local 下（Linux 操作系统环境）或 Node.js 安装目录下（Windows 操作系统环境），安装好之后就可以直接在命令行里使用。全局安装的命令如下：

```
npm install 模块名 -g
```

相比本地安装，全局安装多了-g 参数。一般我们会将一些通用的、基础性的模块（如淘宝提供的 CNPM（Chinese NPM，中国版 NPM）工具、React 工程脚手架生成工具等），作为全局模块安装，方便使用，不需要每个工程都重复下载这类模块。

查看已安装的全局模块，使用如下命令：

```
npm list -g
```

卸载模块（如卸载 express 模块），使用如下命令：

```
npm uninstall express
```

8.2.2 使用 package.json

package.json 文件是 NPM 工具的配置文件，实际上也是前端工程管理文件。package.json 文件位于当前工程或模块的目录下，用于描述包的属性，包括包的名称、版本等基本信息，以及当前工程或模块所依赖的包的信息等。下面是一个典型的 React 开发工程示例（略去了次要环节）：

```
{
  "name": "react-project",
  "version": "0.1.0",
  "dependencies": {
    "antd": "^3.18.1",
    "moment": "^2.24.0",
    "react": "^16.8.6",
    "react-DOM": "^16.8.6",
    "react-redux": "^5.1.1",
    "react-router": "^5.0.0",
    "react-router-DOM": "^5.0.0",
    "react-scripts": "^3.0.1",
    "redux": "^3.7.2",
    "redux-thunk": "^2.3.0"
  },
  "scripts": {
```

< 101 >

```
    "start": "react-app-rewired start",
    "build": "react-app-rewired build",
    "test": "react-app-rewired test --env=jsDOM",
    "eject": "react-scripts eject",
    "server": "cd server && json-server db.json -w -p 3001"
  },
  "devDependencies": {
    "babel-plugin-import": "^1.11.2",
    "customize-cra": "^0.2.12",
    "json-server": "^0.12.2",
    "react-app-rewire-less": "^2.1.3",
    "react-app-rewired": "^2.1.3"
  }
}
```

可以看到，package.json 遵循 JSON 格式规范，其属性如下。

（1）name：包名。

（2）version：包的版本号。

（3）dependencies：依赖包列表。

（4）devDependencies：包在开发时的依赖包列表。

（5）scripts：定义在 NPM 中可以运行的脚本命令。这类脚本通常完成某个特定的任务。例如打包操作，直接运行如下命令即可：

```
npm run build
```

该命令实际上以 build 参数运行了 react-app-rewired 模块，完成了给当前工程打包的任务。

如果当前目录下存在 package.json 文件，则在当前目录下输入如下命令，即可自动下载所有依赖的包以及这些包的依赖包：

```
npm install
```

运行如下命令，在安装指定模块的同时，也自动将该模块加入 package.json 的 dependencies 清单中：

```
npm install 模块名 --save
```

同样地，运行如下命令，在安装指定模块的同时，也自动将该模块加入 package.json 的 devDependencies 清单中：

```
npm install 模块名 --save-dev
```

使用 npm init 命令，可以在当前目录下以问答的方式创建一个初始的 package.json 文件。

8.2.3 其他命令

下面给出了 NPM 工具的一些其他常用命令及其说明。

（1）使用 npm help 可查看所有命令。

（2）使用 npm help <command>可查看某条命令的详细帮助，如 npm help install。

< 102 >

（3）使用 npm update <package>可以把当前目录下 node_modules 子目录中的对应模块更新至最新版本，使用 npm update <package> -g 可以把全局安装的对应命令行程序更新至最新版。

（4）使用 npm cache clear 可以清空 NPM 本地缓存。

（5）使用 npm publish <package>@<version>可以发布自己开发的模块，使用 npm unpublish <package>@<version>可以撤销自己发布过的某个模块。

8.3 常用前端代码编辑器简介

1．Dreamweaver

Dreamweaver（DW）是老牌的 HTML 编辑器。它最初是由美国 Macromedia 公司推出的，该公司于 2005 年被 Adobe 公司收购。DW 是集网页制作和网站管理于一身的所见即所得 Web 代码编辑器。通过内置的智能编码引擎，它提供了创建、编码和管理动态网站等功能，支持代码提示，支持 HTML、CSS、JavaScript 等内容的智能分析，是早期设计师快速制作和建设网站的利器。

2．HBuilder

HBuilder（HB）是基于 Eclipse 发展出来的一款支持 HTML5 的 Web 集成开发环境。它是由数字天堂（DCloud）公司推出的。HBuilder 主要采用 Java 编写，其最大特点是兼容 Eclipse 的插件，其功能因此得到了灵活的扩展。

3．Sublime Text

Sublime Text 是一款免费的、支持 HTML 的跨平台代码编辑器，同时支持 Windows、Linux、Mac OS X 等操作系统。其最初的设计定位是具有丰富扩展功能的 Vim 编辑器。Sublime Text 具有漂亮的用户界面，也具有强大的功能，如代码缩略图、Python 插件、代码段等，还支持自定义键绑定、自定义菜单和工具栏特性。Sublime Text 的主要功能包括拼写检查、书签、完整的 Python API、Goto 功能、即时项目切换、多选择、多窗口等。

Sublime Text 2 则变为收费软件，但可以无限期试用。

4．Atom

Atom 是 GitHub 专门为程序员推出的一个跨平台文本编辑器，具有简洁和直观的图形用户界面。它有很多有趣的特性，支持 CSS、HTML、JavaScript 等网页编程语言，支持宏、自动完成分屏等功能，集成了文件管理器。

5．WebStorm

WebStorm 是著名的 Java 集成开发环境产品公司 Jetbrains 旗下的一款面向前端的开发工具。它提供了强大的 JavaScript 工具，界面美观大方，具有智能代码补全、代码格式化、HTML 提示、联想查询、代码导航和用法查询、代码检查和快速修复、代码调试、代码结构浏览、代码

< 103 >

折叠、包裹或者去掉外围代码等特色功能。在 Web 开发方面，WebStorm 号称是最好的商用编辑器。

6．VS Code

VS Code（Visual Studio Code）是一款免费、开源、轻量、强大、跨平台的代码编辑器，由微软出品，支持 Windows、Max OS X 和 Linux 等操作系统。VS Code 的一大特点是支持 JavaScript、TypeScript 和 Node.js 等编程语言。VS Code 拥有丰富的插件。借助这些插件，它还可以支持 Java、C++、Python、C#等各种语言。

VS Code 几乎支持所有主流开发语言的语法，具有智能代码补全、自定义快捷键、代码片段折叠、代码比对、内置 Git 等丰富的功能。它是代码编辑器中的后起之秀。

8.4　Webpack 打包工具

8.4.1　Webpack 介绍

传统网页代码中通过<script>标签声明要嵌入的后缀为"js"的 JavaScript 文件，一个<script>可加载一个 JavaScript 文件，且 JavaScript 文件的加载顺序由<script>标签的顺序决定。现代浏览器提供的接口更加丰富完善，网页中包括的功能也越来越多，从而导致单个页面中嵌入的 JavaScript 文件越来越多，这就带来了以下问题。

（1）每个 JavaScript 文件都会声明全局变量，全局变量多，很容易出现全局变量冲突。

（2）JavaScript 文件太多，其功能和依赖关系变得很复杂，缺乏有效的管理手段。有时要裁剪去掉某个功能，往往不知道该去掉哪些 JavaScript 文件。

（3）各个 JavaScript 文件的引用顺序很重要，不正确的引用顺序往往导致各种问题，有时甚至是隐性的怪异问题。

（4）页面加载速度变慢。某些 JavaScript 文件并不是一开始就要用到，却还要加载，这会影响页面的加载速度。另外，存在较多的、较小的 JavaScript 文件，导致发起的 HTTP 链接数量多，加载碎片化，影响效率。

对此，可以通过前端打包（Package）技术解决上述问题。目前，主流的前端打包工具是 Webpack，此外还有 YARN、Browserify 等。考虑到 Webpack 比较典型，本书以 Webpack 为主进行介绍。其他工具的原理相似，只是在使用细节上会有些差异。

Webpack 的主要功能是对 Web 前端的资源进行打包和加载，它将多个零散的静态资源文件（Webpack 中视为模块）一起打包为一个较大的资源文件，从而减小请求开销，降低延迟，提高请求效率。其功能如图 8-4 所示。

结合其插件机制，Webpack 还可以完成代码转义（如将 LESS 转换为 CSS）、代码混淆、代码压缩、CSS 预处理、JavaScript 编译、打包和图片处理等功能。

< 104 >

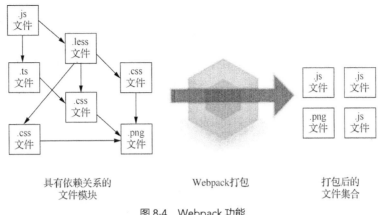

具有依赖关系的　　　　　　Webpack打包　　　　　打包后的
文件模块　　　　　　　　　　　　　　　　　　　　文件集合

图 8-4　Webpack 功能

8.4.2　Webpack 基本原理

Webpack 将所有的单一资源（CSS 文件、JavaScript 文件、图片等）均视为模块，其打包机制主要是依据模块之间的静态依赖关系来获取所有要打包的模块及顺序。在打包的过程中，Webpack 依次要执行代码解析、依赖关系图生成、模块处理、目标文件生成等步骤，最终得到已经打包好的静态结果文件（通常是.js、.png 文件）。其工作原理如图 8-5 所示。

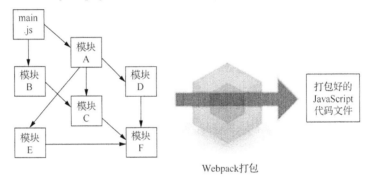

Webpack打包

图 8-5　Webpack 工作原理

Webpack 打包的依据是依赖关系图。任何时候，将一个模块 A 导入一个模块 B，Webpack 就视为模块 A 依赖模块 B。因此，只需要指定一个入口模块，从该入口模块开始，Webpack 就能通过解析依赖关系，递归地构建出一个依赖图，这个依赖图包含应用程序所需的每个模块；然后将所有模块打包为一个或少量的捆绑（Bundle）文件，这些文件可以由浏览器加载，也可以在网页文件中手动嵌入，还可以通过 Webpack 插件自动插入。

Webpack 在内部进行模块管理时，会自动甄别重复引用的模块，并确保该模块只加载一次。Webpack 会给每个引用到的模块内部分配一个唯一的标识符，并通过这个标识符来检索和访问模块功能。

对于 CSS 文件，Webpack 打包时直接将其内容封装为代码，并在加载时动态插入到 HTML 的 DOM 中。

Webpack 支持所有兼容 ES5 的浏览器。如果想要实现旧版本浏览器支持，可以考虑使用功能垫片（Polyfill）给旧版浏览器增加特性，从而形成 Webpack 的标准环境。功能垫片的实质还是

< 105 >

JavaScript 文件，通过嵌入垫片 JavaScript 文件，实现旧版本浏览器所缺少的功能。而新版本浏览器通常内部已经提供此功能，不需要加载垫片 JavaScript 文件了。

Webpack 功能十分丰富，支持分块加载、动态加载，还可以通过插件系统扩展其功能。它是当前的主流前端打包工具。

8.4.3　Webpack 使用基本概念

使用 Webpack 时主要需要把握以下 4 个基本概念。

（1）入口（Entry）：表明 Webpack 打包的起点模块，也是构建起内部依赖关系图的起点。

（2）输出（Output）：指明打包后输出的文件位置及文件名。

（3）加载器（Loader）：Webpack 只能处理 JavaScript 模块。对其他类型（.css、.png 等）的文件，Webpack 通过加载器处理，先将它们转换为有效模块，然后添加到依赖关系图中，这样就可以用于转换和打包等处理环节。加载器功能是 Webpack 特有的，这个扩展功能有助于开发人员创建出更准确的依赖关系图。Webpack 中的加载器之间是可以串联的，一个加载器的输出可以成为另一个加载器的输入。例如，先将 LESS 文件通过 less-loader 加载器翻译成 CSS 代码，然后通过 css-loader 加载器转换成 CSS 模块，最后由 style-loader 加载器对其做最后的处理，从而运行时可以通过<style>标签将其应用到最终的浏览器环境。其典型配置代码如下所示：

```
{
    test: /\.less/,
    loader: 'style-loader!css-loader!less-loader'
}
```

（4）插件（Plugins）：相比主要用于转定类型换特的加载器，插件则可以用于执行更为广泛的任务，可以用于整个打包处理流程的任意环节，并增加功能或改变、扩展现有功能，其范围包括打包优化、资源管理和注入环境变量等。

8.4.4　Webpack 配置项

下面的示例代码给出了一个典型的 Webpack 配置，并对关键语句进行了说明：

```
// 导入 webpack 模块
const webpack = require('webpack')
// 导入 path 模块，以操作文件系统
const path = require('path')
const merge = require('webpack-merge')
// 导入基本配置
const webpackConfigBase = require('./webpack.base.config')
// 导入 copy-webpack-plugin 插件
const Copy = require('copy-webpack-plugin')
// 导入 webpack-bundle-analyzer 模块，使用其 BundleAnalyzerPlugin 插件
const BundleAnalyzerPlugin = require('webpack-bundle-analyzer').Bundle AnalyzerPlugin
// 导入 HTMLWebpackPlugin 插件模块
```

< 106 >

```
const HTMLWebpackPlugin = require('HTML-webpack-plugin')
// 导入 clean-webpack-plugin 插件模块
const CleanWebpackPlugin = require('clean-webpack-plugin')
// 导入 webpack-parallel-uglify-plugin 插件模块
const ParallelUglifyPlugin = require('webpack-parallel-uglify-plugin')

// 声明 resole 函数，该函数将相对路径转为绝对路径
function resolve(relatedPath) {
    return path.join(__dirname, relatedPath)
}

const webpackConfigProd = {
    plugins: [
        // 定义 webpack 配置
        new webpack.DefinePlugin({
            // 定义环境为开发环境
            'process.env.NODE_ENV': JSON.stringify('production'),
            IS_DEVELOPMETN: false,
        }),
        // 定义 HTML webpack 配置
        new HTMLWebpackPlugin({
            // 将打包后的资源注入到 HTML 文件内
            template: resolve('../app/index.html'),
            mapConfig:'http://192.168.0.1/map_config.js'
        }),
        // 定义 ParallelUglifyPlugin 多核压缩代码插件配置
        new ParallelUglifyPlugin({
            cacheDir: '.cache/',
            uglifyJS:{
                output: {
                    comments: false
                },
                compress: {
                    warnings: false
                }
            }
        }),
        new Copy([
            { from: './app/images', to: './images' },
        ]),
        new CleanWebpackPlugin(['dist'],{
            root: path.join(__dirname, '../'),
            verbose:false,
            // exclude:['img']
        }),
    ],
}

module.exports = merge(webpackConfigBase, webpackConfigProd)
```

< 107 >

可以看到，Webpack 配置文件其实也是一个模块，其中引入模块使用的是 require() 语句，这是 Webpack 支持的原生用法。

8.4.5　几个常用插件

（1）HTMLWebpackPlugin 插件：用于将部署打包生成的 JavaScript 文件自动插入到 HTML 文件中。为方便管理，有时候引入的文件带有动态计算出来的哈希值，这个插件能自动更新处理，避免了每次打包都要修改 HTML 代码的麻烦。这个插件是前端开发最为常用的插件之一。

（2）ExtractTextWebpackPlugin 插件：用于分离应用中的样式文件，如.css、.sass、.less 文件等。

（3）clean-webpack-plugin 插件：用于清除工程中的构建目录，该目录通常名为 build。

（4）CommonsChunkPlugin 插件：用于将公用模块独立抽取出来打包。

（5）OpenBrowserPlugin 插件：用于构建完成后按指定的 URL 启动浏览器。

（6）DefinePlugin 插件：用于在编译阶段根据 NODE_ENV 自动切换配置文件，使前端项目在开发、管理方面更接近后端。它是前端项目工程化的利器。

（7）ParallelUglifyPlugin 插件：用于优化压缩插件。Webpack 默认提供了 Uglify.js 插件来压缩 JavaScript 代码，但它使用的是单线程压缩代码，需要分别对多个文件按顺序进行压缩，在正式环境中打包压缩代码速度比较慢。ParallelUglifyPlugin 插件是对 Uglify.js 插件的改进，当有多个 JavaScript 文件需要输出和压缩时，该插件会开启多个子进程，分别对多个文件进行压缩，原来的串行工作变成了并行处理，大大地提高了效率。

8.4.6　打包成多个资源文件

将项目中的模块打包成多个资源文件有以下两个目的。

（1）将多个页面的公用模块独立打包，从而可以利用浏览器缓存机制来提高页面加载效率。

（2）减少页面初次加载时间，只有当某功能被用到时才去动态地加载。

Webpack 提供了非常强大的功能，同时也能够灵活地对打包方案进行配置。可以按照如下配置创建多个入口文件：

```
{
  entry: { a: "./a", b: "./b" },
  output: { filename: "[name].js" },
  plugins: [ new webpack.CommonsChunkPlugin("init.js") ]
}
```

可以看到，配置文件中定义了 "a" 和 "b" 两个打包资源，在输出文件中使用方括号来获得输出文件名。在插件设置中使用了 CommonsChunkPlugin 插件，Webpack 中将打包后的文件都称为 "Chunk"，中文为 "块" 的意思。这个插件可以将多个打包后的资源中的公共部分打包成单独的文件，这里指定公共文件输出为 "init.js"。这样就获得了三个打包后的文件，在 HTML 页面中可以按如下方式引用：

< 108 >

```
<script src="init.js"></script><script src="a.js"></script><script src="b.js">
</script>
```

除了在配置文件中对打包文件进行配置外，还可以在代码中进行定义，具体如下所示：

```
require.ensure(["module-a", "module-b"], function(require) {
  var a = require("module-a");
  ...
});
```

Webpack 在编译时会扫描到上面这样的代码，并对依赖模块进行自动打包；在运行过程中执行到这段代码时，会自动找到打包后的文件并进行按需加载。

8.5 React 开发中的 Webpack

8.5.1　Babel 工具

前面已经提到，JSX 代码需要转换为 JavaScript 代码才能运行。当前的做法是使用 Babel 工具进行转义，这个过程通常是在发布和调试时自动完成的。

Babel 工具是一个功能强大的 Node.js 模块，其主要功能是转义 JavaScript 代码，将用新版 JavaScript 规范 ES7、ES6 编写的代码转换为旧版本浏览器能理解、能运行的旧版 ES5 规范的 JavaScript 代码。比如 ES6 中为 JavaScript 增加了箭头函数、块级作用域等新的语法和 Symbol、Promise 等新的数据类型，使用 Babel 工具转义后这些特性可以转换为基于 ES5 规范的代码实现。除此之外，Babel 工具还可以完成如 JSX 编译、类型声明移除等功能。Babel 可以在多种场合发挥作用，如在命令行中使用、在浏览器中嵌入、在 Webpack 中以插件方式使用等。

在 React 开发中，Babel 以 Webpack 插件 babel-loader 的形式存在，提供 JSX 代码的自动转义工作。babel-loader 加载器插件底层可使用 Babel 工具完成代码解析、转换等工作。

下面主要介绍 Babel 工具的 JSX 转义使用方法。

首先需要引入 Webpack 的 Babel 工具支持。Babel 工具包含 babel-core、babel-preset 等系列模块，在 React 中使用时还要引用 babel-plugin-import、babel-preset-react-app 等模块。但在实际使用时，只需要引用 babel-plugin-import 模块即可，其他的模块会由 NPM 根据依赖关系自动加载。安装命令如下所示：

```
npm install --save-dev babel-plugin-import
```

babel-plugin-import 是一个用于按需加载组件代码和样式的 Babel 插件。如果是使用 create-react-app 工具创建的工程脚手架（参见第 8.8 节），所需的插件都会自动配置好。一般没有特殊需求的话，没有必要修改默认配置；如果确实要修改，则需在 package.json 中增加相应的配置项。

在当前目录执行 build 命令之后，在 build 目录将生成一系列已打包的 JavaScript 代码文件，其中已自动加入了转义好的代码。具体的技术细节，因与主题关系不大，本书就不展开了，有兴

< 109 >

趣的读者可以自行访问 Babel 官方网站查阅相关信息。

8.5.2 模块动态加载

Webpack 根据 ECMAScript 2015 规范实现了用于模块动态加载的 import() 函数。import() 函数的参数指明模块载入的路径和载入成功后的回调函数，代码如下所示：

```
import('模块地址').then(_ => {
  // 载入成功之后
  ...
})
```

上面的代码可按需加载指定的模块，并且使用了 promise 式的回调（将在第 12 章详细介绍）。

在代码处理阶段，所有会被 import() 函数动态载入的模块，都会以该模块为入口，打成一个单独的包。在浏览器中运行到上面的代码时，就会自动请求这个模块地址，实现异步加载。完成请求的代码由 Webpack 工具内部提供。

值得注意的是，这里的 import() 函数与用于静态模块导入的 import 语法，虽然名称一样，但含义、功能和用法是完全不同的。import() 函数加载的是模块的复制，功能类似于 Webpack 原生支持的 require() 函数，而 import 函数语句加载的是模块的引用。

使用时要注意，import() 函数调用中出现的模块地址参数要尽量传入常量字符串。如果含有变量的话，Webpack 会将传入的变量用正则表达式代替，然后根据这个正则表达式查找所有符合条件的模块，并依此进行打包，代码如下所示：

```
import('./view/'+ name + '/util')
```

上述命令表示按/^\.\/view.*\/util$/进行查找，匹配所有以 view 开头、后缀为 util 的路径的模块，然后进行打包处理。

8.5.3 模块热替换技术

在前端开发过程中，常常需要运行代码查看效果。在传统的编码过程中，每次修改代码都需要经历停止正在运行的代码、编辑代码、运行代码的过程，烦琐又耗时。使用模块热替换（Hot Module Replacement，HMR）技术，可以在运行时完成模块替换工作，而不需要重启服务。模块热替换技术是建立在 Node.js Web 服务器基础上的。

除了提供模块打包功能外，Webpack 还提供了一个基于 Node.js Express 框架的开发服务器。它是一个静态资源 Web 服务器。简单静态页面或仅依赖于独立服务的前端页面都可以直接使用这个 Web 服务器进行开发。在开发过程中，该服务器会监听每一个文件的变化，进行实时打包，并且可以推送前端页面代码发生了变化的通知，从而实现页面的自动刷新。

Webpack 开发服务器需要单独安装，同样是通过 NPM 进行的，命令如下所示：

```
npm install -g webpack-dev-server
```

之后便可以运行 webpack-dev-server 命令来启动开发服务器，然后通过 localhost:8080/

< 110 >

webpack-dev-server/就可以访问到响应页面了。

　　使用模块热替换技术，需要在开发阶段就在前端置入运行时的模块替换能力。当某个模块代码发生变化时，webpack-dev-server 服务器会实时打包将其推送到页面并进行替换，前端完成无须刷新页面的代码替换。这个过程采用 Web Socket 技术，需要进行多方面考虑和配置，实现起来相对复杂。针对这个需求，出现了一个第三方 react-hot-loader 加载器，使用这个加载器可以轻松实现 React 组件的热替换功能，大大地减轻了我们的工作。

　　要使用 react-hot-loader 加载器，首先通过 NPM 进行安装，命令如下：

```
npm install –save-dev react-hot-loader
```

　　之后，webpack-dev-server 服务器需要设置模块热替换参数 "hot" 为 "true"。为了方便，可创建一个名为 server.js 的文件以启动 webpack-dev-server 开发服务器，代码如下所示：

```
var webpack = require('webpack');
var WebpackDevServer = require('webpack-dev-server');
var config = require('../webpack.config');
new WebpackDevServer(webpack(config), {
  publicPath: config.output.publicPath,
  hot: true,
  noInfo: false,
  historyAPIFallback: true}).listen(3000, '127.0.0.1', function (err, result) {
  if (err) {
     console.log(err);
  }
  console.log('Listening at localhost:3000');
});
```

　　在 React 中应用热加载技术主要体现为以组件模块为基本单位的热加载，为此还需要在前端页面中加入相应的代码，以接收后端 Webpack 推送过来的组件模块，然后通知相关 React 组件进行重新渲染。嵌入在前端页面的代码通过 Webpack 配置加入，代码如下所示：

```
entry: [
  'webpack-dev-server/client?http://127.0.0.1:3000',    // 后端服务地址
  'webpack/hot/only-dev-server',
  './scripts/entry'                                      // 入口模块
]
```

　　需要注意的是，这里的 "client?http://127.0.0.1:3000" 需要与在 server.js 中启动 webpack-dev-server 服务器的地址匹配。这样，打包生成的文件就知道该从哪里获取动态的代码更新。接下来，要让 Webpack 使用 react-hot-loader 加载器去加载 React 组件，这需要通过配置加载器完成，代码如下所示：

```
loaders: [{
    test: /\.js$/,
    exclude: /node_modules/,
    loader: 'react-hot!jsx-loader?harmony'
  },
  ...
```

< 111 >

]

做完这些配置之后，在控制台运行"node server.js"命令，即可启动 webpack-dev-server 服务器并实现 React 组件的热加载了。

通常为了方便，可以在 package.json 中加入配置，如下所示：

```
"scripts": {
  "start": "node ./js/server.js"
}
```

然后即可通过"npm start"命令启动 webpack-dev-server 服务器。这样，React 的热加载开发环境即配置完成。此后对相关组件文件的任何修改只要保存，就会在页面上立刻体现出来。无论是对样式修改，还是对界面渲染的修改，甚至对事件绑定处理函数的修改，都可以立刻生效，不得不说它是提高开发效率的利器。

前面主要从原理上介绍模块热替换的实现。一般来说，工程脚手架工具会自动配置好这些设置。了解这些配置，有助于解决开发时出现的问题，并寻找相应的解决办法。

8.6 使用 Chrome 浏览器进行调试

Chrome 浏览器界面简洁,包含大量的应用插件,具有良好的代码规范支持、强大的 Chrome V8 解释器。此外它还为前端开发者提供了大量的便捷功能，方便调试代码。在 Chrome 浏览器下，按下键盘功能按键 F12，即可出现图 8-6 所示的开发者窗格界面。

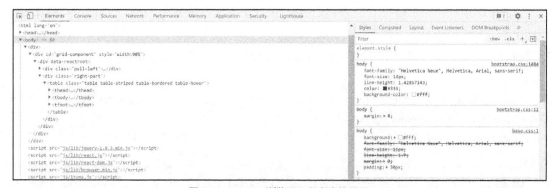

图 8-6　Chrome 浏览器开发者窗格界面

Chrome 浏览器的开发者窗格界面上部是一排图标和页签按钮,从左往右分别对应标签选择图标、设备图标、Elements、Console、Sources、Network、Performance、Memory、Application、Security、Lighthouse 页签按钮,这些图标或页签分别对应标签选择、设备类型预览、DOM 结构查看、Console 控制台、页面源码查看、网络请求查看、性能分析、内容分析、应用分析、安全分析、页面审查等功能，每个页签对应一套功能界面。早期版本中 Performance 命名为 Timeline、Memory 命名为 Profiles、Application 命名为 Resources。第一个图标为标签选择，用于在页面上直接找到对应的 DOM 元素。下面重点介绍与 React 开发相关的设备类型预览、DOM 结构查看、Console 控制台、

< 112 >

网络请求查看、页面源码查看功能。

8.6.1　设备类型预览

单击设备图标可以切换到不同的终端，即移动端和 PC 端，既可以选择不同的移动终端设备，也可以选择不同的尺寸比例。Chrome 浏览器的模拟移动设备和真实的设备相差不大，是非常好的选择。在不同类型终端下预览当前页面如图 8-7 所示。

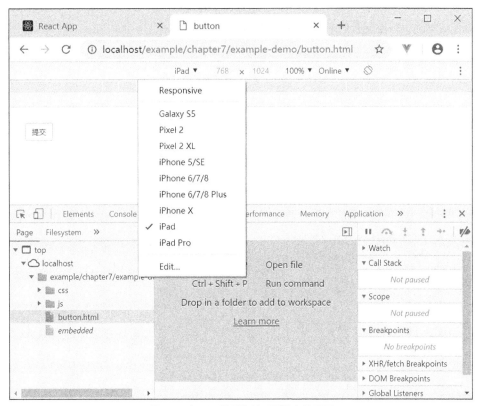

图 8-7　在不同类型终端下预览当前页面

8.6.2　DOM 结构查看

Elements 页签按钮对应的是 DOM 结构查看和操作界面。在图 8-6 中可以看到，页面的右边区域又细分了 Styles、Computed、Event Listeners、DOM Breakpoints、Properties、Accessibility 等二级页签。在 Elements 页签界面中，可以查看、修改页面上的元素，包括 DOM 标签、CSS 样式以及相关元素布局模型的图形信息。

在 Styles 二级页签中，对样式的修改结果会直接反馈到浏览器页面上方。一般在设计完前端页面后，还需要对一些细节进行微调时，这个功能就很有用。建议读者多熟悉这个功能，用好这个功能能大大提高效率。

< 113 >

8.6.3 Console 控制台

Console 控制台主要用于打印和输出相关的运行信息。如果对一些运行过程的数据是否准确不太确信的话，可以将这些数据直接打印到控制台。具体使用代码如下：

```
function clickEventHandler(e) {
  console.log(this);
  console.log('捕获单击事件成功!');
}
```

运行后，Console 控制台的显示结果如图 8-8 所示。

图 8-8　Chrome 控制台输出

由图 8-8 可以看到，Chrome 以树形折叠的方式输出了对象的全部内容，这对于我们的开发工作来说十分有效。

同时，控制台还提供了交互工具，可以在控制台中输入 JavaScript 代码，并查看运行结果。

8.6.4 网络请求查看

在 Network 网络请求查看页，可以看到所有网络资源请求，包括图片资源、HTML 文件、CSS 文件、JavaScript 文件等。可以根据需求筛选请求项。它一般多用于网络请求的查看和分析，例如分析后端接口是否正确传输，获取的数据是否准确等。网络请求记录查看界面如图 8-9 所示。

< 114 >

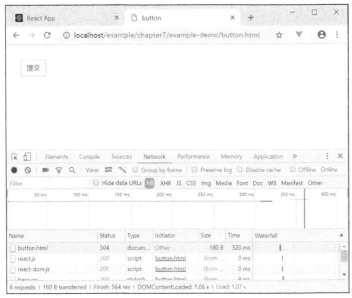

图 8-9　网络请求记录查看

8.6.5　页面源代码查看

JavaScript 代码断点调试是开发过程中不可或缺的功能。Chrome 浏览器提供了丰富的 JavaScript 代码调试功能。在 Chrome 浏览器中，要使用调试功能，首先要切换到 Sources 页面。页面左侧显示了本页面请求获得的所有源文件，我们需要找到源文件中对应的代码行，在源代码显示区域左侧的代码行上单击，即可给该行代码打上调试断点。网页能显示源代码，说明该文件已经被加载，甚至运行过。如果已经运行过，则需要按 F5 键刷新页面，代码将会自动停在断点处，此时就可查看当前的运行堆栈、局部变量等信息。Chrome 浏览器 JavaScript 代码调试界面如图 8-10 所示。

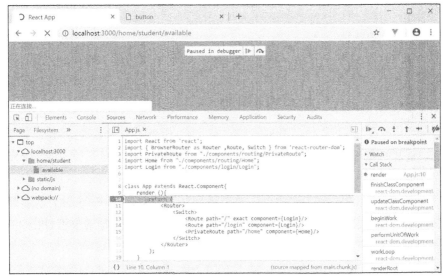

图 8-10　Chrome 浏览器 JavaScript 代码调试界面

< 115 >

页面的右侧功能区提供了很多抽屉式的按钮，包括 Watch 和 Call Stack 等，单击每一个抽屉按钮后可展开对应的操作区。右侧功能按钮界面如图 8-11 所示。

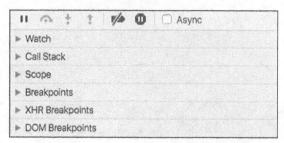

图 8-11　Chrome 浏览器代码调试界面功能按钮

在 Watch 区下，当断点执行到某一程序块处停下来时，可以输入代码并查看运行结果。

Call Stack 区主要提供调用栈查看功能。当断点执行到某一程序块处停下来时，Call Stack 区会显示当前断点所处的函数调用栈，从上到下由最新调用处依次往下排列。

Call Stack 按钮的下方是 Scope 按钮。单击 Scope 按钮后展开 Scope 变量列表，列表中可以查看此时局部变量和全局变量的值。

Breakpoints 区可以查看所有断点的列表，如图 8-12 所示。我们可以单击行号处的断点按钮"去掉/加上"此处断点，也可以单击代码表达式跳转到对应的程序代码处。

```
[I]  App.js ×                                                       [►]  ►ꞏ  ꞏ  ꞏ  ꞏ  ꞏ  ꞏ
 1  import React from 'react';                                          ▼ Scope
 2  import { BrowserRouter as Router ,Route, Switch } from 'react-router-dom';   ▼ Local
 3  import PrivateRoute from "./components/routing/PrivateRoute";           ▶ this: App {props: …
 4  import Home from "./components/routing/Home";                          ▶ this: App
 5  import Login from "./components/login/Login";                        ▶ Closure
 6                                                                   ▶ Closure
 7                                                                     (./src/App.js)
 8  class App extends React.Component{                                  ▶ Global         Window
 9     render (){                                                    ▼ Breakpoints
10        return (                                                   ☑ App.js:10
11           <Router>                                                return (
12              <Switch>                                             ▶ XHR/fetch Breakpoints
13                 <Route path="/" exact component={Login}/>          ▶ DOM Breakpoints
14                 <Route path="/login" component={Login}/>           ▶ Global Listeners
15                 <PrivateRoute path="/home" component={Home}/>
16              </Switch>
17           </Router>
18        );
19     }
{}  Line 10, Column 1                          (source mapped from main.chunk.js)   ▶ Event Listener Breakpoints
```

图 8-12　在 Breakpoints 区查看断点列表

如果要继续运行代码，可以使用图 8-12 中右侧上面的图标功能按钮进行调试。这些功能按钮从左往右分别是暂停/继续、单步执行（F10）、单步跳入此执行块（F11）、单步跳出此执行块、禁用/启用所有断点。

XHR Breakpoints 区提供单独的 URL 请求模拟功能。XHR Breakpoints 区展开后，XHR Breakpoints 区顶部右侧会出现"+"号。单击右侧的"+"号，可以添加请求的 URL。一旦请求调用触发，就会在请求的代码处发生中断。

DOM Breakpoints 区用于跟踪某个 DOM 元素的变化，即监听元素的属性变化、是否增加或删除子元素等情况。在左侧 DOM 树区域选定元素，单击鼠标右键，在弹出的菜单中选择"Break on"，

< 116 >

即给该元素设置了一个 DOM 断点，如图 8-13 所示。

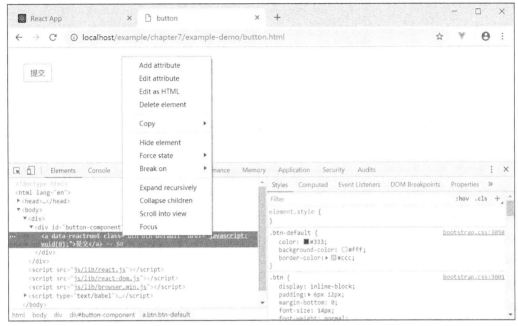

图 8-13　添加 DOM 元素断点

给 DOM 元素添加断点时，会出现三个监听类型选择项：子结点修改、自身属性修改、自身结点被删除。选定监听类型之后，Sources 页面右侧的 DOM Breakpoints 列表中就会出现该 DOM 断点。一旦要对该 DOM 元素做相应修改，代码就会在那里停下来。

8.7　React 开发工具

React 开发工具（React Developer Tools）是由 Facebook 公司开发的 Chrome 浏览器扩展插件，专门用于 React 辅助开发。React 开发工具的主要功能是查看应用程序中 React 组件的 props、state 等信息以及 React 组件之间的组合嵌套关系，便于直观地观察组件结构。

注意：该插件只对用于 Web 前端开发的 React 有效。如果是 React Native 应用开发，是无法使用这个插件的。

8.7.1　React 开发工具的安装

下面结合 Chrome 浏览器简要介绍 React 开发工具的安装过程。

单击 Chrome 主界面的"菜单"→"更多工具"→"扩展程序"，打开"扩展程序"页面。在打开的页面中，单击最下方的"获取更多扩展程序"，可以打开谷歌在线商店。在谷歌在线商店中搜索"React Developer Tools"并安装即可。也可以采用离线安装方式，本书的配套资源包也含有".crx"文件，将该文件拖放至扩展程序页面即可。

< 117 >

在 Chrome 浏览器中安装好插件后，在"扩展程序"页面中单击 React Developer Tools，可以看到图 8-14 所示的界面。

图 8-14　扩展程序管理界面

8.7.2　React 开发工具的使用

使用时，首先打开待调试的 React 应用页面，方法为单击"菜单"→"更多工具"→"开发者工具"；或者在任意页面元素上单击右键，选择"检查"项；或者按下 F12 功能键，打开开发者工具窗格。插件成功安装后会在"开发者工具"窗格上方工具栏的最右侧出现 Component 和 Profiler 选项卡。单击 Component 选项卡就会进入插件的组件视角功能界面。在这个界面中，可以很方便地看到各个组件之间的嵌套关系以及每个组件的事件、属性、状态等信息，如图 8-15 所示。

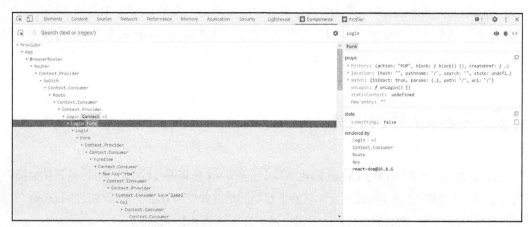

图 8-15　React 开发者工具界面

补充说明一点，在程序中运行 console.log 代码后输出的内容都显示在控制台界面中，这是由 Chrome 浏览器原生提供的功能。

8.8　工程脚手架

8.8.1　初始工程创建

从前面可知，搭建一个工程要考虑 Babel 转义、样式文件处理、JavaScript 文件打包等诸多因

< 118 >

素，并不是件容易的事。值得庆幸的是，React 提供了 Create-react-app（CRA）工程脚手架工具，以简化 React 工程的创建工作，辅助生成初始的工程目录及文件。工程脚手架工具让使用者不用关心 React 工程的具体配置，从而降低了 React 的开发难度。其他前端框架如 Vue、Angular 也都提供了类似的工具。

工程脚手架工具本身就是 Node.js 模块。如果要使用，首先就需要安装该模块。由于该工具是属于工程之外的，且为多个工程共用，因此一般采用全局安装模式。运行如下命令即可完成安装：

```
npm install -g create-react-app
```

使用时，在当前目录下运行如下命令：

```
create-react-app <工程名称>
```

运行后，就进入了命令问答模式。用户一一回答后，在当前目录下就会生成以工程名称为名的文件夹，即所创建的工程文件夹。

初始创建的工程是可运行的。

运行如下命令：

```
cd <工程名称>
```

进入工程文件夹后，再运行如下命令：

```
npm install
```

该命令会从因特网上的中央代码仓库将相关依赖模块下载到工程中，该过程需要一段时间。该命令成功后再运行如下命令即启动了应用：

```
npm run start
```

此时在浏览器地址栏中输入 http://localhost:3000 可看到运行的效果。这种开发运行模式包含了一整套实时转义、自动打包的过程。维持这种模式，在后台修改源代码并保存后，浏览器中的界面也会自动实时更新，所做的修改也会自动反映到前端浏览器中。利用 NPM 将测试、Babel 转义、Webpack 打包、WebpackDevServer 实时文件服务等系列工具组合在一起，达到了"所写即所得"的效果，极大地提高了开发效率。

图 8-16 展示了工程脚手架生成的 React 工程文件结构，说明如下。

（1）node_modules：工程所依赖的本地模块目录。该目录中的内容是运行"npm install"命令后自动生成的，其中存放了采用本地安装模式安装的 Node.js 本地模块，不需要改动。

（2）public：公共目录。该目录下的文件一般不经过 Webpack 处理，而是直接复制。运行 npm run build 命令打包时，该工程下的所有文件将会直接被复制到 build 目录下。

（3）server：基于 Node.js 开发的后端运行文件目录。如果后端没有采用 Node.js，则不需要该目录。

（4）src：源代码目录。该目录包含以下几个文件以及其他源码子文件夹。

① index.js：是整个工程的入口 JavaScript 文件，Webpack 会以这个文件为起点为其依赖关系进行打包。

< 119 >

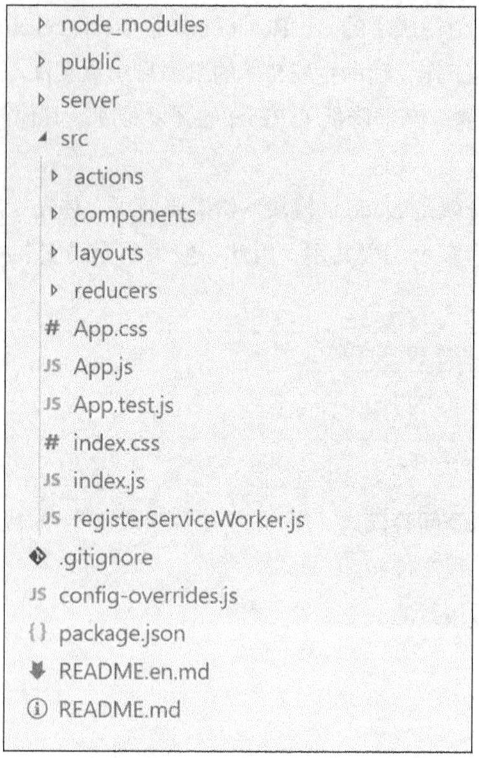

```
  ▷ node_modules
  ▷ public
  ▷ server
  ▿ src
    ▷ actions
    ▷ components
    ▷ layouts
    ▷ reducers
    # App.css
    JS App.js
    JS App.test.js
    # index.css
    JS index.js
    JS registerServiceWorker.js
  ◈ .gitignore
  JS config-overrides.js
  {} package.json
  ⬇ README.en.md
  ① README.md
```

图 8-16　工程脚手架生成的 React 工程文件结构

② App.test.js：单元测试文件，运行 npm run test 命令后会启动测试过程。

③ registerServiceWorker.js：服务工作线程（Service Worker）是现代浏览器支持的一个特性，该特性可以在后台运行线程来处理离线缓存、消息推送、后台自动更新等任务。这里的 registerServiceWorker.js 文件为 React 项目注册了一个服务工作线程，用来缓存资源，便于下次访问时可以更快地获得资源，也用于支持在离线情况下访问应用。值得一提的是，registerServiceWorker.js 注册的服务工作线程只能在生产环境中，且在 Https 协议下生效。

（5）.gitignore：用于 Git 版本管理时声明不需要版本管理的文件。如果不使用 Git 版本管理，则不需要该文件。

（6）config-overrides.js：主要用于定义自定义配置的文件。通常情况下，脚手架提供了默认的配置，当默认配置不能满足用户需求时，需要在该文件中定义个性化的配置（该配置会覆盖默认配置）。

（7）README.md：Github 描述文件。该文件采用 Markdown 文档格式，一般用于简单说明工程的情况及相关使用说明等。

（8）package.json：整个工程的管理文件。该文件定义了工程所依赖的各种模块（包括运行时依赖和开发时依赖），以及工程的配置信息（如名称、版本、许可证等基础数据），可以说是工程的核心文件。

工程在运行"npm build"命令时创建 build 文件夹，其中包含在最后生成的用于部署的文件。

除此之外，还会有一些由用户扩展的文件或文件夹，比如 src 文件夹下会有很多由用户开发的组件。

< 120 >

CRA 工程脚手架工具内部的实现其实也是基于 Webpack 的，它封装了 Webpack，并提供了默认的配置，以支持常见的开发需求。

8.8.2 配置修改

一般情况下，用 CRA 工程脚手架工具生成的目录及文件已经足以满足正常的开发需求了。但如果有特殊需求，则需要我们对内部默认配置进行修改和扩展。如果需要修改、扩展配置，常见的方法有使用 eject、替换 react-scripts 包、使用 react-app-rewired 等。这里我们介绍相对方便的使用 react-app-rewired 工具的方法，其他的方法读者可以自行学习。

react-app-rewired 是由 React 社区提供的一个开源修改 CRA 配置的工具。在 CRA 创建的项目中运行命令 "npm install react-app-rewired –save-dev" 后，即安装了 react-app-rewired 模块。之后就可以通过创建一个 config-overrides.js 文件来对 Webpack 配置进行扩展。config-overrides.js 的典型代码如下：

```
/* config-overrides.js */
module.exports = function override(config, env) {
  //这里修改或扩展默认配置
  return config;
}
```

这里 override() 函数的第一个参数 config 就是 Webpack 的默认配置。在这个函数里面，我们可以对 config 进行扩展。如安装其他 NPM 插件，这个 config 参数最终交由 Webpack 处理。

使用 react-app-rewired 工具后，工程的创建、构建等动作也需要做相应的调整，典型的代码如下：

```
"scripts": {
  "start": "react-app-rewired start",
  "build": "react-app-rewired build",
  "test": "react-app-rewired test --env=jsDOM"
},
```

react-app-rewired 方法的实现原理其实就是先获取 Webpack 的基本配置，然后以之为参数，调用工程目录下 config-overrides.js 中的 override()函数，获得用户修改、扩展后的配置，再交给 Webpack 执行。

对具体运行过程有兴趣的读者可以自行查看对应源代码。

8.9 本章小结

本章介绍了 React 开发环境中 Webpack 的基本功能、原理和用法。对于现代的前端开发来说，Webpack 是强大的模块管理工具，在实际工程实践中有广泛的应用。这里重点关注 Webpack 在 React 开发中的应用特性和使用方法，包括加载器、插件机制、支持动态加载的 import() 函数、多

< 121 >

文件打包等。限于篇幅这里不详细介绍，其配套的官方文档非常完善，读者需要时可以参考。

8.10 习题

1. 写一段 JavaScript ES6 代码，通过 Webpack 配置 babel-loader 输出转换后的代码。

2. 完成一个典型 React 开发的 Webpack 配置。

3. 通常 React 在开发和运行阶段具有不同的配置，设计一个开关变量，使得通过这个开关变量，可以控制开发阶段和部署阶段的不同配置。

< 122 >

第 **9** 章 React Hook

React 技术还处于不断优化演进的过程中。在很多方面，React 几乎都是前端开发革新的积极探索者，React 新引入的 Hook 技术就是其中的一个例子。Hook 技术利用 JavaScript 函数式的编程特性，让组件表达变得更简更快更纯粹，提高了开发效率。

9.1 Hook 技术介绍

前面已经提到，对于无状态组件推荐使用函数式组件写法，因为这种写法简单而优雅；对于有状态组件，则采用类声明式写法。本书前面章节所涉及的有状态组件均是如此，这也是 React 早期版本有状态组件编写的唯一方式。但从 React 16.8 版开始，React 增加了 Hook 技术，使有状态组件也能使用函数式组件写法，且代码结构更清晰。

Hook 技术是新版 React 提供的，是用来在函数式组件中使用 state 以及其他特性的一种机制。Hook 技术将 state 进行合理划分，并内置了生命周期管理机制，使我们可以不用再关注 componentDidMount()、shouldComponentUpdate() 等生命周期函数，也不用考虑在哪个函数中定义和管理 state，这大大减少了开发人员的工作量。为了解 Hook 技术，我们先看一个传统类声明式组件的例子：

```
import React from 'react';

class Example extends React.Component {
  constructor(props) {
    super(props);
    this.state = { count: 0 };
  }

  render() {
    return (
    <div>
      <p>You clicked {count} times</p>
      <button onClick={() =>this.setState({ count: this.state.count +
      1 })}>
        Click me
      </button>
```

```
    </div>
    );
  }
}
```

    使用 Hook 技术重写后的代码如下：

```
import React, { useState } from 'react';

function Example() {
  // 声明一个新的叫作 "count" 的 state 变量
  const [count, setCount] = useState(0);

  return (
    <div>
      <p>You clicked {count} times</p>
      <button onClick={() =>setCount(count + 1)}>
        Click me
      </button>
    </div>
  );
}
```

　　从上面的例子可以看出，使用 React 提供的 useState() 函数返回了一个变量 count 及一个用来操作 count 变量的函数 setCount()。这里使用了 ES6 数组解构（Array Destructuring）语法。此后，通过调用 setCount() 函数实现对 count 状态的修改。

　　可以看到，这里的有状态 Example 组件声明成为一个函数，代码更为简洁清晰了。这个函数还可以有自己的状态（count）以及状态的更新函数（setCount()）。这个组件函数之所以能维持自己的状态，是因为注入了一个 "钩子"（Hook）函数——useState()。通过这个钩子函数，组件函数变成了一个可以维持内部状态的函数。

　　使用钩子函数，避免了在构造函数中的事件绑定，以及在访问 state 时使用 this.state 的写法，代码简洁清晰。钩子函数本质上是一类具有特殊用途的函数，可以在函数式组件（Function Component）的 state 及生命周期中 "挂接" 某些特定的功能。Hook 技术主要用于函数式组件，用于替代类声明式组件，因此它不能用于类声明式组件。从概念上来说，Hook 技术不影响 React 的原有使用方式，甚至提供了更为直接高效的 API 来管理 props、state、context、refs 及生命周期。

　　值得说明的一点是，新版 React 提供了 Hook 技术，但并不强制使用。是否使用 Hook 技术在 React 中是可选的，也就是说现有的任何代码无须改动，就可以在新组件中使用 Hook 写法而不会影响原有代码。其次，Hook 技术的引入没有破坏性改动，Hook 技术保持了完全的向后兼容特性。另外，组件的类声明式写法仍会在 React 中得到支持。

9.2　State Hook

　　前面我们已经知道，useState()就是一个管理 State 的钩子函数，也称为 State Hook。在函数组

< 124 >

件里使用 useState() 钩子函数给组件增加内部 state 管理特性。调用 useState()钩子函数后返回当前状态变量和更新变量的操作函数，这里 useState() 钩子函数起到了初始化变量和封装 state 操作的作用，表面看有点类似于类声明式组件中 this.setState 的作用，但实质上差别很大。钩子函数管理的 state 是独立的，不会有新旧 state 的合并操作。

　　useState() 钩子函数接受的唯一参数是 state 变量的初始值，这个初始值参数仅用于第一次渲染。

　　实际组件中，往往会有多个 state 变量，如下所示：

```
function MultiStatesComponent() {
  const [age, setAge] = useState(42);
  const [fruit, setFruit] = useState('banana');
  const [todos, setTodos] = useState([{ text: 'React Hook' }]);
  // ...
}
```

　　通过 useState()钩子函数，组件获得了建立、维持和更新自身内部状态的能力，这种能力是由 React 内部提供的。为更好地理解 useState() 钩子函数，下面用代码概念性地展示了其实现原理，（实际代码涉及 React 的整体运行流程，更为复杂，这里不做展开）：

```
let memoizedState = []; // 该数组对象是 React 为组件维持的内部数据结构
let nextIdx = 0;
function useState(initState) {
  memoizedState [nextIdx] = initState;
  let idx = nextIdx;
  function setState(newState) {
    memoizedState[idx] = newState;
  }
  return [memoizedState[nextIdx++], setState];
}
```

　　initState 参数一般是初始状态值，但也可以是一个函数。如果参数是函数，则该函数只在初始渲染时执行一次，其返回的值作为初始状态值。

9.3 Effect Hook

　　Effect Hook 对应的钩子函数是 useEffect()。useEffect() 钩子函数是类声明式组件中 componentDidMount() 函数、componentDidUpdate() 函数和 componentWillUnmount() 函数的替代品，但 useEffect() 钩子函数将这些函数的功能组合成了一个 API，代码如下所示。

```
import React, { useState, useEffect } from 'react';

function Example() {
  const [count, setCount] = useState(0);

  // 匿名函数作为参数
```

< 125 >

```
// 对应 componentDidMount() 函数 和 componentDidUpdate() 函数
useEffect(() => {
  // 使用浏览器的 API 更新页面标题
  document.title = 'You clicked ${count} times';
});

return (
  <div>
    <p>You clicked {count} times</p>
    <button onClick={() => setCount(count + 1)}>
      Click me
    </button>
  </div>
);
}
```

在上面的代码中，useEffect() 钩子函数接受一个匿名函数作为参数。这个匿名函数可以完成以前我们在类声明式组件的 componentDidMount() 函数和 componentDidUpdate() 函数中完成的业务功能，如异步数据请求、原生 DOM 操作等。为方便起见，我们将完成业务功能的函数称为副作用函数（业务功能相对于组件本身的功能而言相当于一种副作用）。副作用函数是在组件内声明的，因此可以直接访问组件的 props 和 state。通常情况下，在每次渲染执行 DOM 更新时都会执行通过 useEffect() 钩子函数传入的副作用函数。

副作用函数可以返回一个函数。返回的函数用来指定"清除"副作用，类似于componentWillUnmount() 函数的作用。下面的示例中使用副作用函数来订阅好友的在线状态，并通过取消订阅来执行清除操作：

```
import React, { useState, useEffect } from 'react';

function FriendStatus(props) {
  const [isOnline, setIsOnline] = useState(null);

  function handleStatusChange(status) {
    setIsOnline(status.isOnline);
  }

  useEffect(() => {
    ChatAPI.subscribeToFriendStatus(props.friend.id, handleStatusChange);

    return () => {
      ChatAPI.unsubscribeFromFriendStatus(props.friend.id, handleStatusChange);
    };
  });

  if (isOnline === null) {
    return 'Loading...';
  }
  return isOnline ? 'Online' : 'Offline';
}
```

< 126 >

在上例中，React 会在 Friend Status() 函数式组件销毁时取消对 ChatAPI 的订阅，然后在后续渲染时重新执行副作用函数。如果传给 ChatAPI 的 props.friend.id 参数没有变化，也可以告诉 React 跳过重新订阅。

与 useState() 钩子函数相同，在组件中可以多次调用 useEffect() 钩子函数，声明多个副作用函数，代码如下所示：

```
function FriendStatusWithCounter(props) {
  const [count, setCount] = useState(0);
  useEffect(() => {
    document.title = 'You clicked ${count} times';
  });

  const [isOnline, setIsOnline] = useState(null);
  useEffect(() => {
    ChatAPI.subscribeToFriendStatus(props.friend.id, handleStatusChange);
    return () => {
      ChatAPI.unsubscribeFromFriendStatus(props.friend.id, handleStatusChange);
    };
  });

  function handleStatusChange(status) {
    setIsOnline(status.isOnline);
  }
  //...
```

相比类声明式组件，访问 props 和 state 需要指定 this 上下文；在加载和更新时常常要执行同样的操作，代码存在重复；而且一个业务逻辑（如创建订阅和取消订阅）分别置于 componentDidMount()、componentDidUpdate() 和 componentWillUnmount()这三个函数中，非常不便。使用 useEffect() 钩子函数，访问 props 和 state 更为简洁，避免了代码重复，组件内相关的副作用函数组织在一起也更为集中。

但 useEffect() 钩子函数与 componentDidMount() 函数和 componentDidUpdate() 函数并不完全等效，最大的区别在于调用 useEffect() 钩子函数所声明的副作用函数不会阻塞浏览器更新，这使浏览器的响应速度更快。大多数情况下，副作用函数不需要同步运行。如果确实需要同步运行，如基于浏览器 DOM 进行布局测量时，也可以使用 useLayoutEffect() 这个钩子函数。

9.4 React 内置 Hook

React提供的Hook钩子函数分为基础钩子函数和扩展钩子函数，基础钩子函数包括useState()、useEffect() 和 userContext()。扩展钩子函数是基于基础钩子函数扩展出来的。除了前面重点介绍过的 useState() 钩子函数和 useEffect() 钩子函数，React 的其他内置钩子函数如表 9-1 所示。

< 127 >

表 9-1　React 的内置 Hook

钩子函数名称	作用简介
useContext()	接受一个 context（上下文）对象（由 React.createContext 创建），并返回当前 context 值，提供程序给 context。当 context 值发生变化时，此钩子函数将使用最新的 context 值触发重新渲染
useReducer()	useState() 函数的另一种形式，接受类型为(state，action) => newState 的 reducer 归纳函数，并返回与 dispatch 派发器函数相匹配的当前状态。关于 reducer 归纳函数和 dispatch 派发器，将在第 10 章介绍
useCallback()	缓存一个回调函数，这个回调函数会在其依赖的变量发生改变时被执行，常用于优化渲染性能
useMemo()	缓存一个变量，这个变量会在其依赖的变量发生改变时被执行，常用于优化渲染性能
useRef()	useRef() 返回一个可变的 ref 对象，其 current 属性被初始化为传递的参数（initialValue）。返回的对象将持续整个组件的生命周期
useImperativeMethods()	用于自定义使用 ref 时公开给父组件的实例值。与往常一样，在大多数情况下应避免使用 refs 的命令式代码。useImperativeMethods() 应与 forwardRef 一起使用
useMutationEffect()	其接口与 useEffect() 的相同，但在更新兄弟组件之前，它在 React 执行其 DOM 改变的同一阶段同步触发
useLayoutEffect()	其接口与 useEffect() 的相同，但在所有 DOM 改变后同步触发。使用它可从 DOM 读取布局并同步重新渲染。在浏览器收到绘制任务之前，useLayoutEffect() 内部计划的更新将同步刷新

9.5 自定义 Hook

通过自定义的钩子函数，可以把组件间复用的逻辑提取出来，封装成可以灵活挂接的"钩子"，便捷地扩展组件的功能。

而在 React Hook 中如何共享逻辑呢？函数声明的组件和 Hook 都是函数，因此可以采用复用函数的逻辑来实现，也就是把逻辑提取到一个新的函数中，而这个新的函数就是那个灵活的"钩子"。

自定义 Hook 本质就是一个函数，不同的是，其名称要求以"use"开头。在该函数中还可以调用其他的钩子函数。来看下面的例子：

```
import React, { useState, useEffect } from 'react';

function useFriendStatus(friendID) {
  const [isOnline, setIsOnline] = useState(null);

  useEffect(() => {
    function handleStatusChange(status) {
      setIsOnline(status.isOnline);
    }

    ChatAPI.subscribeToFriendStatus(friendID, handleStatusChange);
    return () => {
```

< 128 >

```
      ChatAPI.unsubscribeFromFriendStatus(friendID, handleStatusChange);
    };
  });

  return isOnline;
}
```

该例中，实现了一个名为 useFriendStatus() 的自定义钩子函数。自定义钩子函数形式上只是一个普通的函数，除了要以 "use" 开头以外，它和普通的函数没有任何区别。我们可以自由决定它的参数是什么，以及它应该返回什么内容。在本例中，friendID 作为输入参数，isOnline 作为返回结果。

最后我们来看一下如何使用自定义钩子函数：

```
function FriendStatus(props) {
  const isOnline = useFriendStatus(props.friend.id);
  if (isOnline === null) {
    return 'Loading...';
  }
  return isOnline ? 'Online' : 'Offline';
}

function FriendListItem(props) {
  const isOnline = useFriendStatus(props.friend.id);
  return (
    <li style={{ color: isOnline ? 'green' : 'black' }}>
      {props.friend.name}
    </li>
  );
}
```

在上例中，我们通过将好友是否在线这个逻辑提取到 userFriendStatus() 这个钩子函数中，并在 FriendStatus 和 FriendListItem 这两个组件中使用，有效复用了相同的逻辑。本质上，我们只是将两个函数之间一些需要复用的代码提取到单独的函数中，这并不是 React 的特性，只是一种普通的代码重用的方法。

自定义钩子函数解决了以前在 React 组件间无法灵活共享逻辑的痛点问题，方便开发人员编写适合各种场景（如表单处理、计时器、动画、远程交互等）的自定义钩子函数。这些钩子函数可以单独用于开发和测试，并进行复用，这极大简化了 React 的开发。

9.6　注意事项

1. 使用最新的版本

React 从 16.8.0 版开始支持 Hook 技术。为了更好地使用 Hook，开发人员需要将 React 更新到 16.8.0 以上版本。同时，Hook 技术还在不断更新和完善，所以建议使用最新版本的 React。由于

< 129 >

Hook 技术还处于发展完善阶段，有些第三方库可能还无法兼容 Hook 技术。

2．仅在最顶层使用钩子函数

Hook 技术只能在 React 函数最顶层调用，而不能在条件、循环、嵌套函数中调用。只有在最顶层调用，才能确保钩子函数在渲染中按照相同顺序调用。这是因为在单个组件中使用多个钩子函数时，React 是通过钩子函数的调用顺序来决定哪个 state 对应哪个钩子函数（如 useState()）的。只有在最顶层使用钩子函数，才能保证一致的调用顺序，避免产生错误。

3．仅在 React 函数组件中调用钩子函数

不要在类声明式组件中使用钩子函数，也不要在普通的 JavaScript 函数中调用钩子函数。只能在函数声明的 React 组件或自定义钩子函数中调用钩子函数。

4．自定义 Hook 名称以 use 开头

只有遵循这个规范的函数，React 才认为它是自定义钩子函数，才会按照钩子函数的使用规则（即仅在最顶层使用，仅在 React 函数中调用）进行检查。

5．合理设置副作用函数的依赖

默认情况下，userEffect() 钩子函数所传递的副作用函数在每次渲染后都会执行。如果不希望无意义的副作用函数被执行，可以给 userEffect()钩子函数传递第二个参数，将副作用函数依赖的值作为数组传递给 useEffect()钩子函数，如下所示：

```
useEffect(
  () => {
    const subscription = props.source.subscribe();
    return () => {
      subscription.unsubscribe();
    };
  },
  [props.source],
);
```

这样，只有 props.source 改变时，该副作用函数才会执行，可以有效减少多余的副作用函数执行，以提高运行性能。传递一个[]空数组，该副作用函数仅运行一次。需要注意的是，该数组必须包含外部作用域发生变化且在副作用函数中使用的所有变量。

6．正确处理副作用函数依赖的函数

通常应在副作用函数内部声明它所依赖的函数，而不是调用外部作用域中声明的函数。因为外部声明的函数中可能会有依赖。只有这些依赖正确地加入副作用函数的依赖数组中，才能确保安全。把副作用函数依赖的函数定义在副作用函数内部，更加容易确定需要哪些依赖，避免产生不确定的结果。

< 130 >

9.7　本章小结

本章主要探讨了 Hook 这种新技术。Hook 技术是用来代替类声明式组件的一整套机制，这种机制需要 React 内核的支持。Hook 技术在组件表达、逻辑共享等方面具有革新式的优点，是 React 的重要发展趋势。在本章配套的源代码中将 7.5 节的两个综合示例进行了基于 Hook 技术的重新实现，读者可以对比研究其不同之处。

9.8　习题

1. Hook 技术解决了什么问题，体现了什么思想？
2. 将第 7 章中的常用组件用 Hook 技术重写，并比较两者的优劣。
3. 使用 Hook 技术写一个组件，完成一个远程数据请求并展示出来（远程数据请求可以使用 Mock.js 库模拟）。

< 131 >

第**10**章 Flux 和 Redux

前端开发的复杂性很大一部分是由视图与业务逻辑的紧耦合导致的，人们一般采用 MVC、MVVM 等设计模式来实现二者解耦。React 给出了一个官方解决方案，即 Flux。它通过一种特殊的设计模式实现视图与业务逻辑分离，简化了前端应用开发。Flux 有多种代码实现，Redux 可视为其中的一种。但与最初的 Flux 相比，Redux 省去了大量的样板代码，从而提高了开发效率。

10.1 Flux

Flux 是 Facebook 公司用来构建前端 Web 应用的一种应用架构，有多种实现形式。与其说 Flux 是一个架构，不如说它是一种设计模式。它通过规范的代码开发方式将视图与数据及业务逻辑分离，实现数据流的单向性，进而实现可预测的代码行为。这样设计的优势在于，对同一数据的全部读/写操作集中在一起处理，保证了多个视图对相同数据引用的一致性。

10.1.1 Flux 简介

Flux 主要由三部分组成：派发器（Dispatcher）、状态仓库（Store）和视图（View）。用户对视图进行操作时，在相应操作的事件处理函数中通过派发器发出一个动作（action）。action 是一个对象，其必须有一个类型属性（一般用 type 表示），还可以包含其他必需的属性。派发器会将动作派发给所有在派发器中注册过的状态仓库，状态仓库会根据动作包含的属性对自身当前状态值进行更新，并发出一个事件，表示状态已变更（称为变更事件）。视图监听到该事件后，读取状态仓库当前的状态值，并根据该状态值进行视图更新。

当应用比较简单时，使用 Flux 的好处并不多。但一旦应用变得复杂，某个事件影响的数据和视图比较多，甚至一个数据影响多个视图时，可能就会出现级联的视图更新（数据变化导致视图变化，视图变化又带来数据新的变化，进而导致视图再次更新），控制将变得非常复杂，应用也将变得不可预测。Flux 正是为了解决这种问题而出现的。

图 10-1 表示 Flux 中数据的流动过程和数据流的单向性。在使用 Flux 进行开发时，要时刻记得这张图。在 Flux 中，派发器可看作数据流的"集线器"，它将数据流导向全部状态仓库。而 action 则一般是由用户操作视图所引发的，并由 action 创建函数直接生成。派发器会调用状态仓库注册的回调函数，回调函数会根据其关注的 action 对状态仓

库维护的状态值进行修改更新，并发出一个变更事件。这时，控制器视图会监听到这个变更事件，在事件回调函数中取出状态仓库的数据。随后，控制器视图调用 setState() 方法，重新渲染组件本身和子组件。

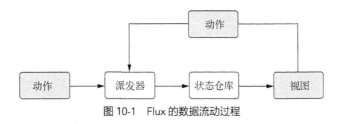

图 10-1　Flux 的数据流动过程

视图更新可能导致新的 action 产生，并引发新一轮的数据流动。

本节将以 Flux 官方示例 flux-todomvc 为例来辅助读者理解 Flux 的编程模型和思路。

将示例代码下载到本地后，运行以下命令，即可在浏览器中打开 index.html，看到 flux-todomvc 的界面：

```
cd my-tomvc
npm install
npm run watch
```

如图 10-2 所示，在界面中，可以看到待办列表中有两条记录，其中一条已完成，因此左下角显示为 "1 item left"。单击右下角的 "Clear completed(1)" 按钮可以清除已完成的记录，只显示未完成记录。待办列表上方是输入栏，可在此新增待办事项，然后按 Enter 键或把焦点移出输入框，完成新增操作。单击未完成事项前面的对号可以将该记录置为完成状态，单击事项后的红叉可清除当前记录。

图 10-2　示例界面

本节其他小节将针对 Flux 的几个主要组成部分展开介绍，并采用 flux-todomvc 示例中相应代码辅助理解。

10.1.2　派发器

在一个 Flux 应用中有且仅有一个派发器。它像一个集线器一样，把到达它的 action 发往全部

< 133 >

的状态仓库。使用派发器时，每个状态仓库都在派发器中注册一个回调函数，当视图通过 action 创建函数发出 action 时，派发器将调用所有注册的回调函数。

action 创建函数是生成各类 action 的方法库，视图可以直接调用它们。具体如下所示：

```
const Actions = {
  addTodo(text) {
    TodoDispatcher.dispatch({
      type: TodoActionTypes.ADD_TODO,
      text,
    });
  },

  deleteCompletedTodos() {
    TodoDispatcher.dispatch({
      type: TodoActionTypes.DELETE_COMPLETED_TODOS,
    });
  },

  deleteTodo(id) {
    TodoDispatcher.dispatch({
      type: TodoActionTypes.DELETE_TODO,
      id,
    });
  },
...
};
```

当应用的逻辑比较复杂时，状态仓库之间可能会存在一些相互依赖，这些依赖要求其在 action 处理上有先后时序要求。这时就需要派发器以特定的顺序调用注册的回调函数。为解决这种问题，Flux 提供了 waitFor() 函数：

```
case TodoActionTypes.DELETE_COMPLETED_TODOS:
  TodoDispatcher.waitFor([TodoEditStore.getDispatchToken()]);
  return state.filter(todo => !todo.complete);
```

waitFor() 函数接收数组作为其参数，数组内容为其他状态仓库的派发令牌（Dispatch Token）。令牌是状态仓库注册其回调函数时的返回值，派发器根据令牌来识别不同状态仓库的回调函数。派发器以同步方式循环调用各个状态仓库的回调函数，当执行某个回调函数遇到 waitFor() 函数时，停止执行该回调函数，并开始循环调用 waitFor() 传入的数组参数中包含的那些回调函数。当整个数组的回调函数全部执行完毕后，再继续执行 waitFor() 函数的后续代码。

10.1.3 action

Flux 实现了一种单向的数据流开发模式，action 就是数据流的具体载体。action 由 action 创建函数产生，一般由用户触发某个事件引起。视图的事件处理函数调用 action 创建函数，进而将 action 发送到派发器。action 对象如下所示：

```
{
```

< 134 >

```
  type: TodoActionTypes.EDIT_TODO,
  id: id,
  text: text
}
```

　　每个 action 对象都至少包含一个 type 属性。type 属性是对 action 的语义层描述，仅表达 action 的目的，而不应该设计具体细节。例如，type 可以是"DELETE_USER"，而不应该是"DELETE_USER_ID"，因为状态仓库知道如何设计。

　　除了从视图发出 action 外，在数据初始化过程中，还可能由后台返回数据来触发 action。

10.1.4　状态仓库

　　状态仓库负责维护应用的状态，实现应用的逻辑。状态仓库类似于 MVC 模式中的模型，但又有明显区别。模型用于存放数据对象，而状态仓库则用于存储对象的状态值。

　　前文已经介绍过，状态仓库会在派发器中注册一个回调函数，这个回调函数接收 action 作为参数。每次有新的 action 被触发时，派发器会将其作为参数传递给回调函数。回调函数的函数体中一般会使用 switch-case 语句对 action 对象的 type 属性进行解析，依据 type 属性的不同来对状态仓库维护的状态做出不同的更新。每次状态被更新时，回调函数将广播出一个变更事件。视图监听到该事件后，利用状态仓库的 getState() 函数读取出最新的状态，并对视图进行相应更新。状态仓库的实现如下所示：

```
class TodoEditStore extends ReduceStore {
  constructor() {
    super(TodoDispatcher);
  }

  getInitialState() {
    return '';
  }

  reduce(state, action) {
    switch (action.type) {
      case TodoActionTypes.START_EDITING_TODO:
        return action.id;

      case TodoActionTypes.STOP_EDITING_TODO:
        return '';

      default:
        return state;
    }
  }
}
```

　　在上例中，TodoEditStore 类继承了 Flux 工具包（FluxUtils，详见 10.1.6 小节）中的 ReduceStore 类。ReduceStore 类的构造函数实现了状态仓库在派发器中的自动注册，而且在 reduce() 方法中，

< 135 >

改变状态后无须发出变更事件，这是因为 ReduceStore 的回调函数每次在调用后都会比较状态的值。如果调用前后状态值发生变化，会自动发出变更事件。

10.1.5 视图与控制器视图

在 React 中，视图就是组件，控制器视图则是一类比较特殊的视图。控制器视图从状态仓库中获取数据（即状态仓库的状态），然后将该数据用于其自身和子孙组件的重新渲染。控制器视图一般会尽可能放在组件树的最上层，并且通过一个对象将状态仓库的全部状态传递给组件和子孙组件，这样设计使控制器视图以下的其他视图无须关注状态仓库，而且还能减少传递给组件的属性数量。

有些情况下，为了简化组件，开发人员可能需要在比较深的层级中添加控制器视图。然而，这样做可能破坏单向数据流原则，因此需要仔细权衡。

10.1.6 Flux 工具包

通过前面的介绍可以看出，Flux 有一些固定的套路。例如，每个状态仓库都需要在派发器中注册回调函数，状态仓库的状态变化都需发出变更事件，控制器视图需监听所有状态仓库的变更事件等。Flux 工具包将这些通用的技术进行了封装，简化了 Flux 的开发难度。

Flux 工具包引入了容器的概念。容器是用于控制视图的 React 组件，不提供属性和用户界面（User Interface，UI）逻辑，仅负责在状态仓库的状态发生变化时重新读取出状态值，以属性方式传递给视图，并引起视图进行重新渲染。容器提供了两个 API，分别是 create() 函数和 createFunctional() 函数。

Flux 工具包还提供了用于生成状态仓库的两个基类，分别是 Store 类和 ReduceStore 类，开发人员可通过继承 Store 类或 ReduceStore 类来定义自己的状态仓库。继承 ReduceStore 类之后，开发人员无须显示注册回调函数，在状态变更时也不用发出变更事件，只需重写 reduce() 方法即可。

10.2 Redux

Flux 提出了一种视图与模型更新分离的思想，这种思想在大型应用开发中能有效降低代码逻辑的复杂度。然而，使用 Flux 需要编写大量的样板代码，如前文介绍的 Flux 工具包就是针对这个问题而出现的。为降低 Flux 的复杂性，业界出现了另外一种解决方法——Redux。

从某种程度上讲，可以把 Redux 看作 Flux 的一种实现。二者都是将状态（或模型）的更新逻辑从视图中分离出来，封装在容器中实现。其实现形式一般表示为(state, action) => state，即由 action 和当前状态来确定变化后的状态。在 Flux 中，这部分代码是在各个状态仓库中实现的；而在 Redux 中，则由归纳函数（reducer）来实现。

Flux 和 Redux 的区别在于，Redux 没有派发器，action 是由状态仓库的 dispatch() 函数发出的。

< 136 >

Redux 应用的全部状态存储在一个全局的状态树中，且由于引入了归纳函数，所有状态实现了统一归口处理，因此 Redux 仅有一个状态仓库。

接下来，我们将重点介绍 Redux 的使用方法及其区别于 Flux 的特性。

10.2.1 Redux 的基本思想

正如前文所述，Redux 与 Flux 的思想很像，也是用 state（状态）来描述模型，用 action 来触发状态数据的更新，然后引起视图重新渲染。

这里涉及两个关键点，其中一个就是状态仓库是如何根据 action 来对状态数据进行修改的。如果在一个函数里实现对全部状态值的更新，当状态的数量比较多且逻辑比较复杂时，这个函数可能就会成为一个庞然大物，难以维护。Redux 是使用归纳函数来解决这个问题的，为每个状态开发一个（或多个）归纳函数，最后将这些归纳函数组合起来构成一个根归纳函数（Root Reducer）。

另一个关键点则是状态仓库如何将状态的更新事件以及更新后的状态值传递给视图。在 Flux 中，状态仓库在状态每次变更后都会发出变更事件，并提供 getState() 函数让视图获取状态值。而 Redux 则是通过 store.subscribe() 注册回调函数来通知视图组件其状态发生了变更，在回调函数中同样可以通过 store.getState() 获取当前的状态值。React Redux 库的连接函数（connect() 函数）提供了一种更优化的解决方案，采用这种方法可以避免许多不必要的重复渲染。

关于归纳函数和连接函数的原理和使用方法将在 10.2.3 小节和 10.2.4 小节中详细介绍。

Redux 具有三大原则：一是全部状态存储在一个全局唯一的对象中，每个状态都是这个对象的一个属性，这个对象则存在于全局唯一的状态仓库中；二是应用的状态是只读的，在对其进行更新时，只能通过创建一个新的对象来实现；三是使用纯函数作为归纳函数实现状态的修改。

10.2.2 简单示例：待办事项

本小节将以 Redux 源代码中包含的一个示例项目为例，简要介绍 Redux 的几个主要部分。该示例项目名称为 todos，在 GitHub 中可以访问其详细代码。

该示例提供三个功能：一是增加待办事项；二是单击待办事项，在完成/未完成之间切换状态；三是通过"显示全部待办""显示活跃待办""显示已完成待办"三个按钮对待办事项进行过滤。

下面介绍该示例的代码。

Redux 应用需要一个入口文件，一般整个应用包在 Redux 组件<Provider>中，并将 store 属性传入该组件，这样就能保证整个应用都能顺利访问状态仓库了。其代码如下所示：

```
import React from 'react'
import { render } from 'react-DOM'
import { createStore } from 'redux'
import { Provider } from 'react-redux'
import App from './components/App'
import rootReducer from './reducers'

const store = createStore(rootReducer)
render(
```

< 137 >

```
<Provider store={store}>
  <App />
</Provider>,
document.getElementById('root')
)
```

从上面代码中可以看到，归纳函数会被传入状态仓库中。归纳函数主要用于根据 action 对当前状态进行更新。在本示例中，两个归纳函数 Todos() 和 visibilityFilter() 都放在 reducers 目录下。

归纳函数 todos() 处理待办事项列表状态，分别响应 ADD_TODO（新增待办）和 TOGGLE_TODO（切换待办事项状态）两个 action。其他 action 不改变状态值。其代码如下所示：

```
const todos = (state = [], action) => {
  switch (action.type) {
    case 'ADD_TODO':
      return [
        ...state,
        {
            id: action.id,
            text: action.text,
            completed: false
        }
      ]
    case 'TOGGLE_TODO':
      return state.map(todo =>
        (todo.id === action.id)
          ? {...todo, completed: !todo.completed}
          : todo
      )
    default:
      return state
  }
}
```

归纳函数 visibilityFilter() 负责维护过滤条件，初始状态显示全部待办事项，后续将随类型为 SET_VISIBILITY_FILTER 的 action 对象而变化。其代码如下所示：

```
import { VisibilityFilters } from '../actions'
const visibilityFilter = (state = VisibilityFilters.SHOW_ALL, action) => {
  switch (action.type) {
    case 'SET_VISIBILITY_FILTER':
      return action.filter
    default:
      return state
  }
}
```

归纳函数的名称与状态名称相同，且一定要在 default 中返回输入的状态值。

前面用到的这些 action 对象都是由 action 创建函数生成的，这些函数放在 actions 目录下：

```
let nextTodoId = 0
export const addTodo = text => ({
```

< 138 >

```
   type: 'ADD_TODO',
   id: nextTodoId++,
   text
})

export const setVisibilityFilter = filter => ({
   type: 'SET_VISIBILITY_FILTER',
   filter
})

export const toggleTodo = id => ({
   type: 'TOGGLE_TODO',
   id
})

export const VisibilityFilters = {
   SHOW_ALL: 'SHOW_ALL',
   SHOW_COMPLETED: 'SHOW_COMPLETED',
   SHOW_ACTIVE: 'SHOW_ACTIVE'
}
```

　　containers 目录下有三个组件会使用状态仓库中的状态，并且会通过 action 创建函数发出 action。AddTodo 组件提供一个输入框和一个按钮，单击按钮会派发一个增加待办事项的 action，输入框内容为待办事项内容。这里，连接函数负责完成组件和状态仓库的关联，把 dispatch 作为属性传入组件，代码如下所示：

```
import React from 'react'
import { connect } from 'react-redux'
import { addTodo } from '../actions'

const AddTodo = ({ dispatch }) => {
   let input

   return (
     <div>
       <form onSubmit={e => {
         e.preventDefault()
         if (!input.value.trim()) {
            return
         }
         dispatch(addTodo(input.value))
         input.value = ''
       }}>
         <input ref={node => input = node} />
         <button type="submit">
            Add Todo
         </button>
       </form>
     </div>
   )
}
```

< 139 >

```
export default connect()(AddTodo)
```

下面为 containers 目录下的三个组件。

（1）FilterLink 组件代码如下（该组件使用连接函数的 mapStateToProps() 和 mapDispatchTo
Props() 两个特性，将状态 visibilityFilter 和 action 创建函数 setVisibilityFilter() 传入 Link 组件）：

```
import { connect } from 'react-redux'
import { setVisibilityFilter } from '../actions'
import Link from '../components/Link'

const mapStateToProps = (state, ownProps) => ({
  active: ownProps.filter === state.visibilityFilter
})

const mapDispatchToProps = (dispatch, ownProps) => ({
  onClick: () => dispatch(setVisibilityFilter(ownProps.filter))
})

export default connect(
  mapStateToProps,
  mapDispatchToProps
)(Link)
```

（2）VisibleTodoList 组件代码如下（该组件根据当前过滤条件状态对待办事项列表先进行过
滤，再将过滤结果传入 TodoList 组件进行实际展示）：

```
import { connect } from 'react-redux'
import { toggleTodo } from '../actions'
import TodoList from '../components/TodoList'
import { VisibilityFilters } from '../actions'

const getVisibleTodos = (todos, filter) => {
  switch (filter) {
    case VisibilityFilters.SHOW_ALL:
      return todos
    case VisibilityFilters.SHOW_COMPLETED:
      return todos.filter(t => t.completed)
    case VisibilityFilters.SHOW_ACTIVE:
      return todos.filter(t => !t.completed)
    default:
      throw new Error('Unknown filter: ' + filter)
  }
}

const mapStateToProps = state => ({
  todos: getVisibleTodos(state.todos, state.visibilityFilter)
})

const mapDispatchToProps = dispatch => ({
  toggleTodo: id => dispatch(toggleTodo(id))
})
```

< 140 >

```
export default connect(
  mapStateToProps,
  mapDispatchToProps
)(TodoList)
```

连接函数提供了优化算法，在状态发生变化时判断当前组件是否需要更新，只有在有需要时才重新渲染。

应用的顶层组件 App 代码如下所示：

```
import React from 'react'
import Footer from './Footer'
import AddTodo from '../containers/AddTodo'
import VisibleTodoList from '../containers/VisibleTodoList'

const App = () => (
  <div>
    <AddTodo />
    <VisibleTodoList />
    <Footer />
  </div>
)
```

（3）单纯用于展现的组件有时也叫表征组件（Representation Component），这类组件不直接与状态仓库产生关系，这里不详细介绍。

10.2.3　归纳函数

归纳函数与数组类型 Array.prototype.reduce(reducer, ? initialValue)中的第一个参数具有类似的作用。数组中的 reducer()函数会遍历数组元素，每次遍历调用回调函数 reducer()，将上一次调用的返回值与当前数组元素做归纳运算，结果用于下一次调用的输入。在 Redux 中，如果把所有的 action按照时间顺序装入数组，把初始状态看作initialValue，其归纳函数表示为(previousState, action) => newState。

归纳函数的作用前面已简要介绍。在 Redux 中，归纳函数实现了基于 action 对状态的更新逻辑。Redux 应用的全部状态是放在同一个对象中的，这个对象一般称为状态树。虽然可以在一个归纳函数中实现对所有状态的更新，但是随着应用规模的增大，建议把归纳函数拆分成多个小的归纳函数，分别实现对每个状态的操作。

下面仍以 todos 为例介绍归纳函数的用法。下面是 todos 示例的一个状态树形结构，由 visibilityFilter 和 todos 两个状态组成。前者表示待办事项列表的过滤条件，"SHOW_ALL"表示全部显示；后者表示待办事项列表，用数组存储，每个待办事项包含 id、text 和 completed 三个属性，分别表示事项 ID、名称和事项是否完成。其代码如下所示：

```
{
  visibilityFilter: 'SHOW_ALL',
  todos: [
    {
```

< 141 >

```
      id: 0,
      text: '起床',
      completed: true
    },
    {
      id: 1,
      text: '吃饭',
      completed: false
    }
  ]
}
```

下面，我们试着开发一个归纳函数，来实现这两个状态的更新逻辑，代码如下所示：

```
const initialState = {
  visibilityFilter: VisibilityFilters.SHOW_ALL,
  todos: []
};
const todoReducer = (state = initialState, action) => {
  switch (action.type) {
    case 'ADD_TODO':
      return [
        ...state,
        {
          id: action.id,
          text: action.text,
          completed: false
        }
      ]
    case 'TOGGLE_TODO':
      return state.map(todo =>
        (todo.id === action.id)
          ? {...todo, completed: !todo.completed}
          : todo
      )
    case 'SET_VISIBILITY_FILTER':
      return action.filter
    default:
      return state
  }
}
```

上面的代码并没有直接修改状态，而是重新生成了一个新的状态对象，这就保证了状态的不可变更性（Immutable）。由于初始状态的值是 Undefined（未定义的），因此，我们的归纳函数利用 ES6 特性为状态提供了一个初始值。

下面的代码用来处理 todos 的归纳函数：

```
const todos = (state = [], action) => {
  switch (action.type) {
    case 'ADD_TODO':
      return [
```

< 142 >

```
      ...state,
      {
        id: action.id,
        text: action.text,
        completed: false
      }
    ]
  case 'TOGGLE_TODO':
    return state.map(todo =>
      (todo.id === action.id)
        ? {...todo, completed: !todo.completed}
        : todo
    )
  default:
    return state
  }
}
```

下面的代码用来处理 visibilityFilter 的归纳函数：

```
import { VisibilityFilters } from '../actions'

const visibilityFilter = (state = VisibilityFilters.SHOW_ALL, action) => {
  switch (action.type) {
    case 'SET_VISIBILITY_FILTER':
      return action.filter
    default:
      return state
  }
}
```

这些归纳函数可以写在一个文件里，也可以分散在多个文件里。拆分后的归纳函数需要用一个根归纳函数将它们合并起来，如下所示：

```
export default function todoApp(state = {}, action) {
  return {
    visibilityFilter: visibilityFilter(state.visibilityFilter, action),
    todos: todos(state.todos, action)
  }
}
```

在上面的代码中，由于各个归纳函数只负责处理它负责的那个状态，因此传入的参数需要进行相应的拆分。为了减少样板代码，Redux 提供了 combineReducers() 函数，来实现归纳函数的合并，如下所示：

```
import { combineReducers } from 'redux'

export default combineReducers({
  todos,
  visibilityFilter
})
```

< 143 >

combineReducers() 只是一个工具函数，它要求每个归纳函数都接收各自负责的状态和 action，因此它不能适用于所有场景。这时，开发人员就需要自己写代码来实现归纳函数的合并了。现在也有一些现成的库，可以帮助开发者实现某些特定情况下的归纳函数合并（如 reduce-reducers 等），这里不做详细介绍。

10.2.4 连接函数

Flux 是通过变更事件发出状态变更通知的。Redux 中的状态仓库提供了 subscribe(callback)函数来发出状态的变更事件。在 react-redux 库中，有一种更加优化的方式来解决这一问题，即连接函数 connect()。它不但省去了许多样板代码，还避免了许多不必要的重复渲染。

连接函数是一个高阶组件，它将原始组件封装为一个新的组件，如下所示：

```
export const setVisibilityFilter = filter => ({
  type: 'SET_VISIBILITY_FILTER',
  filter
})
import { connect } from 'react-redux'
import { setVisibilityFilter } from '../actions'
import PropTypes from 'prop-types'

const Link = ({ active, children, onClick }) => (
  <button
    onClick={onClick}
    disabled={active}
    style={{
      marginLeft: '4px',
    }}
  >
    {children}
  </button>
)

Link.propTypes = {
  active: PropTypes.bool.isRequired,
  children: PropTypes.node.isRequired,
  onClick: PropTypes.func.isRequired
}
const mapStateToProps = (state, ownProps) => ({
  active: ownProps.filter === state.visibilityFilter
})

const mapDispatchToProps = (dispatch, ownProps) => ({
  onClick: () => dispatch(setVisibilityFilter(ownProps.filter))
})

export default connect(
  mapStateToProps,
```

< 144 >

```
  mapDispatchToProps
)(Link)
```

　　在上面的代码中，Link 组件的 active 属性的值是由状态仓库中的同名状态决定的，并且需要随状态的变化而更新。显然，如果简单地把状态的值作为属性传入 Link 组件的话，是无法随状态的变化更新的。连接函数对 Link 组件进行了封装，封装后的组件就可以实现这种同步更新。

　　在上例中，连接函数接收了两个参数，其中 mapStateToProps() 是一个函数。它把 state 和封装后组件的属性 ownProps 映射为 Link 组件的 active 属性，而且当 state 或 ownProps 发生变化时，mapStateToProps() 函数都会被重新调用来计算新 active 属性的值。这是因为封装后组件会利用状态仓库的订阅特性对状态仓库的状态进行监听。

　　另一个参数 mapDispatchToProps() 可以是函数或对象。当它为函数时，封装后组件会为其提供两个参数——状态仓库的 dispatch 方法和封装后组件的属性 ownProps。该函数的返回值是一个对象，对象中每个属性都是一个 action 创建函数，即一个可以向状态仓库派发 action 的函数，或称为派发器。也可以将 mapDispatchToProps() 作为一个对象传递给连接函数，具体如下所示：

```
import { toggleTodo, addTodo } from '../actions'
const mapDispatchToProps = {
  toggleTodo,
  addTodo
}
export default connect(
  mapStateToProps,
  mapDispatchToProps
)(Link)
```

　　实际上，Redux 这时会在连接函数内部使用下面的语句实现动作对象的 dispatch：

```
dispatch =>bindActionCreators(mapDispatchToProps, dispatch)
```

　　bindActionCreators() 方法是 Redux 的 API。它可以将对象中的每个 action 创建函数都转化为 dispatch，使被封装组件在调用该函数时能直接将 action 发送给状态仓库。

　　Redux 是这样定义连接函数的：

```
function connect(mapStateToProps?, mapDispatchToProps?, mergeProps?, options?)
```

　　前两个参数前文已经介绍过。它们的输出（分别为 stateProps 和 dispatchProps）连同封装后组件的属性 ownProps 将作为参数传递给连接函数的第三个参数 mergeProps()。如果定义了 mergeProps()，那么其返回值将作为属性传递给被封装组件；否则，被封装组件将默认收到属性 {…ownProps, …stateProps, …dispatchProps}。如果默认属性已经够用，那就不必定义 mergeProps() 方法。连接函数的第四个参数 options 包含了性能优化等配置项，本文不做详细介绍。

10.2.5　Redux 特性

1．action

Redux 的动作对象与 Flux 类似，也是由一个 type 属性和其他属性构成的。不过，Redux 的 action

< 145 >

创建函数与 Flux 是有区别的。Flux 的 action 创建函数会直接触发一个派发器，而 Redux 的 action 创建函数只是简单地返回一个 action 对象，如下所示。

```
export const setVisibilityFilter = filter => ({
  type: 'SET_VISIBILITY_FILTER',
  filter
})
```

大部分调用 action 创建函数的场景都发生在视图组件中。这些视图组件经过连接函数封装后，可以访问状态仓库的 dispatch() 函数，因此可以通过连接函数提供的 mapDispatchToProps() 方法绑定 action 创建函数，从而实现自动触发 dispatch。

2. 状态仓库

在事件发生时，action 表示具体发生了什么，归纳函数则根据 action 来更新状态，而这一切都是在状态仓库中进行的。状态仓库提供了触发派发器的 dispatch() 函数、表示状态更新的订阅函数 subscribe() 以及由 subscribe() 返回的用于取消订阅的 getState() 函数。状态仓库实际上就是管理状态的仓库。与 Flux 相比，Redux 只有一个状态对象，它只需要一个状态仓库即可。在功能上，Redux 的状态仓库可以对标 Flux 的派发器和所有状态仓库。其代码如下所示：

```
import { createStore } from 'redux'
import rootReducer from './reducers'
import {addTodo} from './actions'

const store = createStore(rootReducer)
const unsubscribe = store.subscribe(()=>{
// 在控制台打印新增的待办事项的名称
  console.info(store.getState().todos.shift().text)
})
// 控制台将输出'吃饭'
store.dispatch(addTodo('吃饭'))
// 控制台将输出'睡觉'
store.dispatch(addTodo('睡觉'))
unsubscribe();
// 由于取消订阅 state 更新事件，控制台不再输出
store.dispatch(addTodo('打豆豆'))
```

上面的代码展示了状态仓库的几个主要方法。由此可以看到，我们利用 store.subscribe() 订阅了状态变更事件，每次变更会在控制台打印新增的待办事项（这里只测试添加待办事项，因此状态每次变更都意味着有新的待办事项）。查看控制台发现，只有前面两个待办事项名称被打印出来，由于已经提前执行 unsubscribe() 注销了订阅，因此控制台不再打印最后一个待办事项。Redux 提供了 createStore() 函数来创建状态仓库，在创建状态仓库时，要把根归纳函数作为参数传给 createStore() 函数。关于 createStore() 函数的详细介绍参见 10.2.6 小节。

< 146 >

10.2.6 常用 API

1．createStore()

createStore() 函数的形式如下：

```
function createStore (reducer, preloadedState?, enhancer?)
```

它的第一个参数 reducer 在前面的小节中已经介绍过，这里需要的是根归纳函数接收状态和 action，返回新的状态。

后两个参数是可选的。第二个参数 preloadedState 是初始状态树，其类型和结构要与归纳函数的状态参数保持一致。第三个参数是 enhancer，它是高阶函数，返回增强的状态仓库创建器。

2．Provider()

连接函数作为一个高阶组件，可以获取相关信息（如状态及派发器等）。这是如何实现的呢？一般，我们将整个 React 应用的根组件包含到<Provider>中，并把状态仓库作为属性传递给<Provider>。其代码如下所示：

```
<Provider store={store}>
  <App />
</Provider>,
```

这时，连接函数封装的组件也是可以访问状态仓库的，如下所示。但不建议像下面例子中这样访问状态仓库的 state 或 dispatch，开发人员应该按照正常的思路通过 mapStateToProps() 和 mapDispatchToProps() 方法实现被封装组件对 state 和 dispatch 的访问。

```
import { ReactReduxContext } from 'react-redux'
<ReactReduxContext.Consumer>
  {({ store }) => {
    return store.getState().todos.length;
  }}
</ReactReduxContext.Consumer>
```

3．bindActionCreators()

bindActionCreators()是 Redux 提供的一个工具函数，它的功能是对 action 创建函数组成的对象进行包装，使得其中每个 action 创建函数在被调用时都会触发一个 dispatch。其形式如下所示：

```
function bindActionCreators(actionCreators, dispatch)
```

其中，dispatch() 是状态仓库提供的函数；actionCreators 则是 action 创建函数或多个 action 创建函数组成的对象（对象的 key 分别为各自的函数名）。

4．compose()

compose()可实现从右向左组合多个函数，其形式如下所示：

```
compose(...functions)
```

在 Redux 中，可以利用 compose()函数实现多个增强器的组合，其每个参数都是一个函数，

< 147 >

函数返回值都作为参数提供给其左侧的函数，以此类推。例如，compose(funcA, funcB, funcC)可以看作 funcA(funcB(funcC()))。

10.3 Redux 高级特性

为了满足日志记录、异步动作等特殊的应用需求，Redux 通过用户自定义中间件的方式实现了一些高级特性。

10.3.1 异步 action

在实际场景中，经常会遇到通过异步过程调用触发 action 的情况，如 HTTP 请求等。在异步操作中，结果是在回调函数中获取的，这时，我们虽然可以在回调函数中实现 action 的派发，但 Redux 提供了一种更为优雅的解决方式——Thunk 中间件。利用 Thunk 中间件，开发者可以将整个异步请求过程全部封装在 action 创建函数中。本小节将以一个小示例 get-following 展示 Thunk 中间件的使用方法，该示例根据 GitHub 账号获取其关注者列表，完整工程详见本书示例代码。

示例中 action 创建函数的代码如下所示：

```
import axios from 'axios'
export const receiveRequest = json => ({
    type: 'RECEIVE_REQUEST',
    data: json
})
export const fetchFollowing = (target) => {
  return dispatch => {
      return axios.get('//API.github.com/users/${target}/following')
        .then(
            response => dispatch(receiveRequest(response.data)),
            error => console.log('An error occurred.', error)
        )
  };
}
```

我们看到，action 创建函数 fetchFollowing() 比较特殊，它并非返回一个 action 对象，而是返回了一个函数，真正的动作对象要通过函数计算得到。Thunk 中间件在遇到函数类型的"action"时，会调用这个函数并将 store.dispatch 和 store.getState 作为参数传递给它，这里我们只用了参数 dispatch。

由于只有一个状态，归纳函数代码比较简单：

```
const followingList = (state = [], action) => {
  switch (action.type) {
    case 'RECEIVE_REQUEST':
      return action.data
    default:
      return state
```

< 148 >

```
    }
}
export default followingList
```

组件是利用连接函数构建而成的，如下所示：

```
import { connect } from 'react-redux'
import { fetchFollowing } from '../actions'
import FollowingBlock from '../components/FollowingBlock'

const mapStateToProps = state => ({
    followingList: state.followingList
})

const mapDispatchToProps = dispatch => ({
  onClick: (target) => dispatch(fetchFollowing(target))
})

export default connect(
  mapStateToProps,
  mapDispatchToProps
)(FollowingBlock)
```

在创建状态仓库（store）时，则需要提供增强器，这里我们提供的增强器是 applyMiddleware，它利用 Thunk 中间件创建增强型状态仓库。此时的状态仓库实现了对函数形式的 "action" 及其 Promise 对象返回值的处理，代码如下所示：

```
import thunkMiddleware from 'redux-thunk'
import { createStore, applyMiddleware } from 'redux'
import rootReducer from './reducers'

const store = createStore(rootReducer,
    applyMiddleware(
        thunkMiddleware, // 允许我们 dispatch 函数
    ))
```

在这个示例的页面中输入本书作者的 GitHub 账号，单击 "关注" 按钮，列出关注的所有用户，如图 10-3 所示。

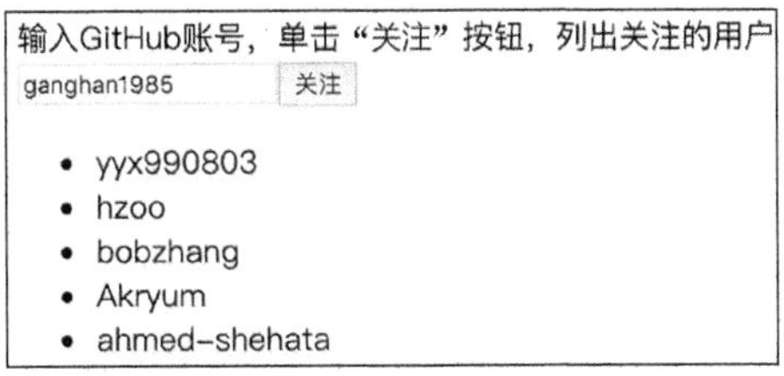

图 10-3　单击 "关注" 按钮后页面显示效果

10.3.2　Redux 中间件

Redux 提供了一种扩展机制，允许开发者在 action 派发执行之后、到达归纳函数之前加入自

< 149 >

已开发的代码逻辑，实现诸如日志记录、创建异常报告、调用异步接口、路由等功能。Redux 的扩展是在状态仓库的创建阶段利用 createStore() 函数的 enhancer 参数来实现的。applyMiddleware() 就是 Redux 提供的一个 enhancer，它可以用于创建带中间件的状态仓库，且为每个中间件提供如下的参数：

```
{
    getState: store.getState,
    dispatch: store.dispatch
}
```

applyMiddleware() 的使用方式为：

```
applyMiddleware(...middlewares)
```

middlewares 是一个或多个中间件，其函数签名是{ getState, dispatch }) => next => action。applyMiddleware() 通过为中间件传递参数（middleware({ getState, dispatch })，把这些中间件转为一组接收下一个参数的函数；随后用 compose() 函数将它们串起来形成一条调用链，调用链中每个函数都以下一个函数作为其参数；最后一个函数则以原始状态仓库的 dispatch 作为其参数。applyMiddleware()的实现如下所示：

```
export default function applyMiddleware(...middlewares) {
  return createStore => (...args) => {
    const store = createStore(...args)
    let dispatch = () => {
      throw new Error(
        'Dispatching while constructing your middleware is not allowed. ' +
          'Other middleware would not be applied to this dispatch.'
      )
    }

    const middlewareAPI = {
      getState: store.getState,
      dispatch: (...args) => dispatch(...args)
    }
    const chain = middlewares.map(middleware => middleware(middlewareAPI))
    dispatch = compose(...chain)(store.dispatch)

    return {
      ...store,
      dispatch
    }
  }
}
```

可以看到，applyMiddleware()返回了一个状态仓库的增强器（enhancer），这个增强器在 createStore()函数中是这样使用的：

```
if (typeof enhancer !== 'undefined') {
    if (typeof enhancer !== 'function') {
        throw new Error('Expected the enhancer to be a function.')
```

< 150 >

```
    }

    return enhancer(createStore)(reducer, preloadedState)
}
```

结合前面 10.2.6 小节所介绍的 createStore() 函数的内容，就可以基本明白其各个参数的意义和作用了。前两个参数（reducer 和 preloadedState）用于原始状态仓库的创建，第三个参数 enhancer 则是在初始 createStore() 的基础上又创建了一个新的 createStore() 函数，随后将前两个参数传递给这个新的函数，从而创建出一个增强型的状态仓库。

10.4 Redux 适用场景

Redux 是一个很好的状态管理工具，提供了一套优秀的设计模式。但是，并非所有场景都适合使用 Redux。Redux 在带来清晰逻辑的同时也会引入不小的开销，因此开发者要做好权衡。Redux 官方建议在以下 3 种场景中使用该框架。

（1）应用中有大量的频繁变化的状态。

（2）有多个地方需要访问同一个状态，需要为这个状态提供一个可靠的数据来源。

（3）组件树比较复杂，难以将全部状态都保存于顶层组件中。

以上都是一些建议性的参考条目，在实际开发中，开发者还应考虑开发团队水平、应用规模等具体情况。

10.5 本章小结

本章介绍了一种用于实现视图和业务逻辑分离的前端设计模式。该设计模式可以较好地处理数据更新与页面渲染的关系，优化前端代码的性能。Flux 是该设计模式的一个具体实现，它将数据以状态形式存储在各个状态仓库中，通过触发 action 来引发状态仓库进行状态的更新。状态仓库在完成状态更新后会产生一个变更事件，控制器视图通过监听该事件进行视图的重新渲染。Flux 实现相对简单，因此会带来大量的样板代码，开发人员可以使用 Flux 工具包来消除样板代码，简化代码开发。

Redux 将应用的全部状态封装在一个大的状态树中，只需一个状态仓库即可实现全部功能。Redux 的核心是归纳函数，每个归纳函数负责处理一部分状态的更新管理，多个归纳函数组合为一个根归纳函数，实现整个应用的状态维护。Redux 适用于多种 JavaScript 框架，其 React 版称为 react-redux。利用 react-redux 的连接函数可以轻松地将 Redux 的状态和 action 创建函数注入 React 组件，实现 React 组件与 Redux 的无缝对接。

< 151 >

10.6 习题

1. Flux 和 Redux 的基本思想是什么？适用于哪些场景？

2. 使用 Flux 和 Flux 工具包开发一个计数器应用，提供重置和计数功能。

3. 使用 Redux 开发一个计数器应用，同样提供重置和计数功能。

4. 扩展 get-following 示例的功能，实现单击关注者账号获取其信息（姓名、公司、地址、邮箱等）的功能。

5. （选做）开发一个中间件，每次发出 action 时在控制台打印 action 对象的内容。

< 152 >

第 11 章

路由

在现代 Web 应用前端开发技术中，路由系统是必不可少的一部分。路由系统的作用是响应用户输入，并通过操作 DOM 对象保证用户界面与 URL 地址的一致性。目前，React 路由系统可以通过 Backbone、Director、React Router 等技术实现。本章将重点介绍 React Router 的使用方法和实现原理。

本章全部示例均存放于 router-demo 工程下。

11.1 简单示例：网站列表

首先，我们以一个简单的例子演示一下 React Router 的基本用法。该示例列出了几个常用的购物网站，通过单击各个网站名称，展示该网站的信息：

```
import React from 'react';
import {BrowserRouter as Router, Route, Link} from "react-router-DOM";

function SimpleExample() {
    return (
        <Router>
            <div>
                <h2>购物</h2>
                <ul>
                    <li>
                        <Link to="/taobao">淘宝</Link>
                    </li>
                    <li>
                        <Link to="/netease">网易</Link>
                    </li>
                    <li>
                        <Link to="/jd">京东</Link>
                    </li>
                    <li>
                        <Link to="/tencent">腾讯</Link>
                    </li>
                </ul>
                <Route path="/:id" component={NewPage} />
```

```
        </div>
    </Router>
    );
}

function NewPage({match}) {
    return (
        <div>
            <h3>您当前位于页面：{match.params.id}</h3>
        </div>
    );
}

export {SimpleExample}
```

通过该示例可以看出，React Router 一般需要路由器、导航、路由三类组件实现其路由功能。

路由器组件（<Router>）是每个 React 路由应用的核心，一般位于整个应用的最外层。常用的 Web 应用路由器包括<BrowserRouter>和<HashRouter>两种，在示例中使用的是<BrowserRouter>。

导航组件用于辅助用户选择具体路由，一般通过<Link>组件来实现。在渲染时，<Link>组件会被转换为<a>标签，以此来响应用户的单击动作。除<Link>外，还有<NavLink>、<Redirect>两类导航组件，前者可支持用户定制选择导航结点的样式，后者在渲染后执行强制跳转。

路由组件（<Route>）在其 path 属性值与当前路径名匹配成功后渲染，匹配不成功的路由组件渲染为 null，没有 path 属性的路由组件将始终被渲染。除路由组件外，React Router 还提供了<Switch>组件。<Switch>组件可用于对路由组件进行分组，组内只有第一个成功匹配的组件被渲染。<Switch>组件是可选的，可以仅用路由组件实现路由。

后面的章节中会详细介绍这些组件。

11.2 路由配置

本节将全面讲解路由组件的渲染方法、属性和使用方法。

11.2.1 基础路由

路由组件有三种渲染方法，分别由其三个属性 component、render 和 children 实现：

```
function RouteConfig() {
    return (
        <Router>
            <div>
                <h2>购物</h2>
                <ul>
                    <li>
                        <Link to="/taobao">淘宝</Link>
```

< 154 >

```
            </li>
            <li>
                <Link to="/netease">网易</Link>
            </li>
            <li>
                <Link to="/jd">京东</Link>
            </li>
        </ul>
        <Route path="/taobao" component={Taobao} />
        <Route path="/netease" render={()=>(
            <div>
                <h3>您当前位于页面：网易</h3>
            </div>
        )} />
        {/*不论是否单击京东的链接，下面的组件都会渲染*/}
        <Route path="/jd" children={({match})=>(
            <div>
                <h3>您当前是否位于京东页面：{match ? "是" : "否"}</h3>
            </div>
        )} />
        </div>
    </Router>
    );
}

function Taobao() {
    return (
        <div>
            <h3>您当前位于页面：淘宝</h3>
        </div>
    );
}
```

使用 component 属性的方式进行路由组件渲染，一般将函数定义在路由组件外面，并将函数名作为属性值直接传给 component 属性，而不像其他两种渲染方式那样采用行内函数定义。这种书写方式比较符合我们的编程习惯，但并不意味着使用 component 的方式不能采用行内函数。事实上，我们不推荐以行内函数定义的方式向 component 属性赋值，是因为这样会带来重复渲染问题，即：路由器会对给定的 component 属性值通过 React.createElement 生成一个 React 元素。如果使用行内函数定义，会导致每次渲染时创建新的组件，而不是进行组件的更新，从而降低渲染效率。

使用 render 或 children 属性的方式进行路由组件渲染，可以避免行内函数定义带来的重复渲染问题。这两种方式的区别是：render 方式与 component 方式类似，仅在当前路径成功匹配时进行渲染，而 children 方式是无论是否成功匹配都会对路由组件进行渲染。

在定义路由组件时，可根据需要选择三种渲染方式中的任意一种。建议每个路由组件仅选择一种渲染方式，即不要同时使用 component、render 和 children 这三个属性。

< 155 >

这三种渲染方法都会获得路由组件的三个对象：match、location 和 history。

1．match 对象

match 对象包含了路由组件与 URL 的匹配信息，由以下 4 部分组成。

（1）params：Object 类型，以键值对形式包含了路径中的所有参数和值。

（2）isExact：Boolean 类型，仅在 URL 与路径完全匹配时为真。

（3）path：String 类型，用来匹配的路径匹配模式，与路由组件的 path 属性相同。

（4）url：String 类型，URL 中成功匹配的部分。

需要注意的是，当使用 children 渲染方式时，无论匹配与否，路由组件都会渲染；如果匹配是失败的，那么 match 对象的值就是 null。

2．location 对象

location 对象表示 App 当前的导航位置，由以下 5 部分组成。

（1）key：String 类型，为 location 对象分配的哈希值。

（2）pathname：String 类型，URL 中的路径部分。

（3）search：String 类型，URL 中的查询部分，含"？"。

（4）hash：String 类型，URL 中的锚部分，含"#"。

（5）state：Object 类型，用户可以在此添加自定义属性。

location 对象在 history 对象中也可以作为属性访问到。在生命周期钩子中对比不同时段的 location 对象时，千万不能用 history.location，因为 history 对象不具备不可变性，其 location 对象始终指向最新的 location 值。

一般情况下，可以用类似"/taobao"的字符串来表示导航路径。有时除了路径名称外，我们还希望将其他信息一起传到导航后的位置。这时，就需要使用 location 对象代替字符串了。在如下示例中，可以用 location 对象替代字符串：

```
const location = {
    pathname: '/taobao',
    state: { from: 'tencent' }
}

<Link to={location}/>
<Redirect to={location}/>
history.push(location)
history.replace(location)
```

3．history 对象

React Router 有两个主要的依赖包：history 包和 React 包。history 包是用来管理 JavaScript 的会话历史的，针对不同的应用场景提供了以下 3 种不同的 history 对象。

（1）browserhistory：用于支持 HTML5 historyAPI 的主流现代浏览器。

（2）hashhistory：用于传统 Web 浏览器。

（3）memoryhistory：一种内存 history 对象，用于测试和 React Native 等非 DOM 环境。

< 156 >

history 对象一般包括以下属性和方法。

（1）length 属性：Number 类型，表示 location 队列的记录数。

（2）action 属性：String 类型，PUSH、REPLACE 或 POP 三者之一，取决于用户如何到达当前 URL。

（3）location 属性：Object 类型，见本小节第 2 部分。

（4）push(path, [state]) 方法：Function 类型，用于将新的记录压入 location 队列，state 为可选项。

（5）replace(path, [state]) 方法：Function 类型，用于取代 location 队列的当前记录。

（6）go(n) 方法：Function 类型，用于将当前指针在 location 队列上移动 n 个记录。

（7）goBack() 方法：Function 类型，意为后退一步，等价于 go(-1)。

（8）goForward() 方法：Function 类型，意为前进一步，等价于 go(1)。

（9）block(prompt) 方法：Function 类型，跳转前警告。prompt 为字符串或函数，若传入字符串，则将该字符串显示为警告信息；若传入函数，则将函数返回值显示为警告信息，prompt 函数接收 location 和 action 作为参数。block() 函数将返回 unblock() 函数，执行该函数可注销 block()函数。

history 对象不具备不可变性，其属性将随导航的变化发生改变。从如下示例可以看出 history 对象的这一特性：

```
function HistoryExample() {
    return (
        <Router>
            <div>
                <h2>购物</h2>
                <ul>
                    <li>
                        <Link to="/taobao">淘宝</Link>
                    </li>
                    <li>
                        <Link to="/netease">网易</Link>
                    </li>
                    <li>
                        <Link to="/jd">京东</Link>
                    </li>
                    <li>
                        <Link to="/tencent">腾讯</Link>
                    </li>
                </ul>
                <Route path="/:id" component={NewPage} />
            </div>
        </Router>
    );
}

class NewPage extends React.Component {
```

< 157 >

```
componentDidUpdate(prevProps) {
    // true
    const locationChanged = this.props.location !== prevProps.location;

    // 由于history对象是可变的，其location对象始终指向最新的location
    const historyLocationChanged =
        this.props.history.location !== prevProps.history.location;

    console.info('current URL:' +
        this.props.location.pathname);
    console.info('location is changed:' +
        locationChanged);
    console.info('history.location is changed:' +
        historyLocationChanged);
    console.info();
}
render(){
    return (
        <div>
            <h3>您当前位于页面：
                {this.props.match?this.props.match.params.id:''}</h3>
        </div>
    );
}
}
```

该示例记录了路由跳转时路由组件的 location 属性和 history 对象的 location 属性的变化情况，其结果如下：

```
current URL:/taobao
location is changed:true
history.location is changed:false
current URL:/netease
location is changed:true
history.location is changed:false
current URL:/jd
location is changed:true
history.location is changed:false
```

从打印结果可以看出，history 对象的属性始终指向当前值，从而验证了 history 对象不具备不可变性。

可访问 GitHub 网站查看 history 的详细介绍。

11.2.2　路由组件的属性

我们已经介绍了路由组件中用于渲染的三个属性——component、render 和 children，接下来介绍其他属性。

（1）path：String 类型或 String[]类型。该属性是用于与 location 对象中的 pathname 属性作模

< 158 >

式匹配的字符串或字符串集合。若为集合，则集合中任一项能与 location 对象匹配即视为路由匹配成功。缺省该属性的路由组件始终视为成功匹配。

（2）exact：Boolean 类型。该属性设置为 true 时，仅在 path 属性与 location 对象的 pathname 属性精确匹配时视为匹配成功，但是 "/" 是被忽略的。

（3）strict：Boolean 类型。该属性设置为 true 时，如果 path 属性结尾有 "/"，要求 location 对象的 pathname 属性有相同位置的 "/"，但 location 对象的 pathname 属性后可以有更多级路径。

下面的示例演示了 exact 属性和 strict 属性的匹配限制。注意：尽管单独设置 exact 或 strict 属性，但当 path 结尾没有 "/" 时，并不要求 location 对象的 pathname 属性有相同位置的 "/"；但是，当同时设置 exact 属性和 strict 属性时，要求 location.pathname 属性和 path 属性完全一致，包括 "/"！

```
import React from 'react';
import {BrowserRouter as Router, Link, Route, Switch} from "react-router-DOM";

function StrictExample() {
    return (
        <Router>
            <div>
                <h2>购物</h2>
                <ul>
                    <li>
                        <Link to="/taobao">/taobao</Link>
                        <Link style={style} to="/taobao/">/taobao/</Link>
                        <Link style={style} to="/taobao/1">/taobao/1</Link>
                    </li>
                    <li>
                        <Link to="/jd">/jd</Link>
                        <Link style={style} to="/jd/">/jd/</Link>
                        <Link style={style} to="/jd/1">/jd/1</Link>
                    </li>
                    <li>
                        <Link to="/netease">/netease</Link>
                        <Link style={style} to="/netease/">/netease/</Link>
                        <Link style={style} to="/netease/1">/netease/1</Link>
                    </li>
                    <li>
                        <Link to="/tencent">/tencent</Link>
                        <Link style={style} to="/tencent/">/tencent/</Link>
                        <Link style={style} to="/tencent/1">/tencent/1</Link>
                    </li>
                </ul>
                <Switch>
                    <Route strict path="/taobao" component={NewPage} />
                    <Route strict path="/jd/" component={NewPage} />
                    <Route strict exact path="/netease" component={NewPage} />
                    <Route strict exact path="/tencent/" component={NewPage} />
                    <Route render={()=>(<div>not found!</div>)} />
                </Switch>
            </div>
```

< 159 >

```
        </Router>
    );
}

function NewPage({location}) {
    return (
        <div>
            <h3>您的当前路径为：{location.pathname}</h3>
        </div>
    );
}
const style = {marginLeft:'10px'};
```

（4）location：Object 类型。在设置该属性后，路由组件在进行路径匹配时不再对比 history 对象的 location 路径，而是与传入 location 属性的路径进行比较。当路由组件外层有<Switch>组件包裹时，路由组件的 location 属性值被<Switch>组件的 location 属性值覆盖。

（5）sensitive：Boolean 类型。该属性设置为 true 时，路径匹配对大小写敏感。

11.2.3 <Switch>组件

可以简单地将多个路由组件并列写在一起，也可以由<Switch>组件将多个路由组件包起来，如下所示：

```
<Route path="/about" component={About} />
<Route path="/:id" component={NewPage} />
<Switch>
    <Route path="/about" component={About} />
    <Route path="/:id" component={NewPage} />
</Switch>
```

二者的区别是：<Switch>组件中的路由组件或<Redirect>组件只有第一个成功匹配的被渲染；而在没有<Switch>组件的情况下，所有成功匹配的路由组件或<Redirect>组件都会被渲染。

<Switch>组件可以接收 location 属性。这时，在进行路由匹配时，会使用新传入的 location 属性进行比较，而不再使用 history 对象中的当前 location 属性。location 属性的使用方法与路由组件中的 location 属性相同。

在进行路由匹配时，<Switch>组件中的路由组件通过 path 属性与当前的 location 信息进行匹配，<Redirect>组件则通过其 from 属性与当前 location 进行匹配。

11.2.4 路由匹配 matchPath()

matchPath() 是 ReactRouter 提供的一个方法，该方法与路由匹配的代码相同，为开发人员提供了独立于渲染流程之外的路由匹配方法。

下面的示例演示了 matchPath() 的使用方法：

```
import React from 'react';
import { matchPath } from "react-router";
```

< 160 >

```
function MatchPathExample() {
    return (
            <div>
                    <h2>购物</h2>
                    <NewPage/>
            </div>
    );
}

function NewPage() {
    const match = matchPath("/taobao", {
        path: "/:id",
        exact: true,
        strict: false
    });
    return match?(
        <div>
            <h3>您当前位于页面：{match.params.id}</h3>
        </div>
    ) : null;
}
```

在该示例中，我们尝试使用 matchPath() 方法取代路由组件本身的路由匹配，可以看出，matchPath() 方法接收以下两个参数。

（1）pathname：String 类型，表示需要进行匹配的路径名称，对应 location 对象的 pathname 属性。

（2）props：Object 类型，包含 path、strict 和 exact 三个属性，分别对应路由组件中的同名属性。

11.3　静态路由与动态路由

静态路由是指以文件配置方式将路由信息集中统一地管理起来，并将其作为参数传递给路由器。Angular、Vue.js、Express 等前端技术均采用了静态路由方式实现路由配置，在 React Router v4 以前的版本也大多采用静态路由，但从 React Router v4 开始，React Router 迁移为动态路由配置方式。

11.3.1　静态路由

React Router v4 以前的版本采用静态路由配置方式，路由信息集中管理，路由表主要由 path、component 和 routes 三个属性来定义，代码如下所示：

```
const routes = [
    {
```

< 161 >

```
            component: Root,
            routes: [
                {
                    path: "/",
                    exact: true,
                    component: Home
                },
                {
                    path: "/child/:id",
                    component: Child,
                    routes: [
                        {
                            path: "/child/:id/grand-child",
                            component: GrandChild
                        }
                    ]
                }
            ]
        }
];
```

然而，这种静态路由配置方式本质上与 React 的思想是不一致的。因此，React Router v4 开始采用创建组件的方式来维护路由，每增加一个路由组件，即表示在路由表中增加一条路由，这就是接下来要介绍的动态路由。

11.3.2 动态路由

React Router 中所说的动态路由是指全部路由均在开发人员自己写的 App 中，而不像 Vue.js 等其他前端技术那样在 App 之外进行路由配置。动态路由的示例如下所示：

```
function DynamicRouting() {
    return (
        <Router>
            <div>
                <h2>购物</h2>
                <ul>
                    <li>
                        <Link to="/tencent">腾讯</Link>
                    </li>
                </ul>
                <Route path="/tencent" component={Tencent} />
            </div>
        </Router>
    );
}
```

从示例中可以看出，动态路由是通过路由组件实现 path 属性和组件之间的关联的，而在其他路由技术中，这种关联则通过配置来实现。

< 162 >

在静态路由方式中，可以通过 routes 属性轻松实现路由的嵌套，那在动态路由中应该如何实现嵌套呢？很简单，既然 React Router 的路由是由组件实现的，那么路由的嵌套实际就是组件的嵌套。要访问路径 "/tencent/qq"，需要渲染两个组件——Tencent 和 TencentBrand。这两个组件构成嵌套关系，共同实现嵌套路由，如下所示：

```
function NestedRouting() {
    return (
        <Router>
            <div>
                <h2>购物</h2>
                <ul>
                    <li>
                        <Link to="/tencent/qq">腾讯 QQ</Link>
                    </li>
                    <li>
                        <Link to="/tencent/wechat">微信</Link>
                    </li>
                </ul>
                <Route path="/tencent" component={Tencent} />
            </div>
        </Router>
    );
}

function Tencent({match}) {
    return (
        <div>
            <h3>您已进入腾讯世界，当前位于页面：</h3>
            <Route path={match.url + "/qq"} component={TencentBrand} />
            <Route path={match.url + "/wechat"} component={TencentBrand} />
        </div>
    );
}
function TencentBrand({match}) {
    return (
        <div>
            {
                match.url.indexOf('qq') !== -1 ? (
                    <h3>腾讯 QQ</h3>
                ) : (
                    <h3>微信</h3>
                )
            }
        </div>
    );
}
```

< 163 >

11.4 各种路由器

React 为开发人员提供了许多现成的路由器组件，这些组件各有特点，分别适用于不同的场景。本节将详细介绍几个比较常用的路由器组件。

11.4.1 <BrowserRouter>路由器

<BrowserRouter>路由器主要用于 Web 开发，该路由器使用 URL 中的路径部分而不使用哈希部分来实现定位，其位置表现形式类似/path1/path2/path3。<BrowserRouter>使用 HTML5 的 historyAPI（包括 pushState、replaceState 和 popstate 事件）实现页面 URL 与界面的同步。<BrowserRouter>包含以下 5 个属性。

（1）basename：String 类型，表示当前应用所处的子目录，应用下所有路由组件和导航组件均以/basename 为根路径。

（2）getUserConfirmation：Function 类型，是一个回调钩子，用于页面导航跳转前的用户确认处理，可配合本章后面内容中讲到的<Prompt>组件使用。getUserConfirmation 在跳转前会弹出警告，并根据用户操作判断跳转是否执行。该函数默认如下例中的 getConfirmation()：

```
const getConfirmation = (message, callback) => {
    const allowTransition = window.confirm(message)
    callback(allowTransition)
}
<Router getUserConfirmation={getConfirmation}>
```

（3）forceRefresh：Boolean 类型，设置为 true 时，每次页面跳转都执行全页面刷新，一般不支持 HTML5 historyAPI 的浏览器环境。

（4）keyLength：Number 类型，表示 location 对象的 key 属性的长度，默认为 6。

（5）children：DOMNode 类型，表示路由器组件的子组件，只能有一个。

11.4.2 <HashRouter>路由器

<HashRouter>路由器主要是为了支持传统浏览器，它使用 URL 中的哈希部分表达页面位置和实现导航。该路由器不支持 location 对象的 key 属性和 state 属性。<HashRouter>路由器包含以下 4 个属性。

（1）basename：String 类型，见<BrowserRouter>路由器的同名属性。

（2）getUserConfirmation：Function 类型，见<BrowserRouter>路由器的同名属性。

（3）hashType：String 类型，表示 URL 哈希部分的编码方式，有 3 种可选项。

① slash：哈希部分#后面有/，即#/path；

② noslash：哈希部分#后面没有/，即#path；

③ hashbang：哈希部分#后面为!/，即#!/path，用于搜索引擎优化。

< 164 >

（4）children：DOMNode 类型，见<BrowserRouter>路由器的同名属性。

建议开发人员尽可能使用<BrowserRouter>路由器。

11.4.3 <MemoryRouter>路由器

<MemoryRouter>路由器用于测试及 React Native 等非浏览器环境。因此，该路由器不能借助浏览器的 history 对象来实现 location 对象的历史，而是将其在内存中维护起来。该路由器包含以下 5 个属性。

（1）initialEntries：Array 类型，记录 location 对象的历史，其元素可以为简单的 URL 字符串或完整的 location 对象（包含 pathname、search、hash、state）。

（2）initialIndex：Number 类型，表示当前 location 对象在 initialEntries 数组中的位置。

下例表示了 initialEntries 和 initialIndex 属性的使用方法，通过调用 history 对象的 goBack() 和 goForward() 方法可以遍历 history 对象中的每个 location 对象，代码如下所示：

```
import React from 'react';
import { MemoryRouter as Router, Route } from 'react-router'

function MemoryRouterExample() {
    return (
        <Router initialEntries={['/taobao','/netease','/jd',
            {pathname: '/tencent'},]} initialIndex={2}>
            <div>
                <h2>购物</h2>
                <Route path="/:id" component={NewPage} />
            </div>
        </Router>
    );
}

function NewPage({match, history}) {
    return (
        <div>
            <button onClick={()=>history.goBack()}>后退</button>
            <button onClick={()=>history.goForward()}>前进</button>
            <h3>您当前位于页面：{match?match.params.id:''}</h3>
        </div>
    );
}
```

（3）getUserConfirmation：Function 类型，其作用等同于<BrowserRouter>路由器的同名属性，但没有默认值。如果使用了<Prompt>组件，则必须为该属性赋值才能生效。

（4）keyLength：Number 类型，见<BrowserRouter>路由器的同名属性。

（5）children：DOMNode 类型，见<BrowserRouter>路由器的同名属性。

11.4.4 <NativeRouter>路由器

<NativeRouter>路由器用于通过 React Native 构建 iOS 和安卓应用。该路由器包含以下 3 个

< 165 >

属性。

（1）getUserConfirmation：Function 类型，其作用等同于<BrowserRouter>路由器的同名属性，默认值如下：

```
const getConfirmation = (message, callback) => {
    Alert.alert('Confirm', message, [
        { text: 'Cancel', onPress: () => callback(false) },
        { text: 'OK', onPress: () => callback(true) }
    ])
}
```

（2）keyLength：Number 类型，见<BrowserRouter>路由器的同名属性。

（3）children：DOMNode 类型，见<BrowserRouter>路由器的同名属性。

11.4.5 <StaticRouter>路由器

<StaticRouter>路由器组件采用传入的 location 对象，且其 location 对象一旦传入不再改变，即使用该路由器的应用不会产生页面跳转。该路由器一般用于后端渲染的情况，根据用户请求的 URL 生成相应的静态页面。该路由器包含以下 4 个属性。

（1）basename：String 类型，见<BrowserRouter>组件的同名属性。

（2）location：String 或 Object 类型，详见路由组件的 location 对象。

（3）context：Object 类型，该对象将作为参数传递给成功匹配的路由组件的 render() 函数，并且用户可以对其属性进行修改。后端开发程序可以根据 context 的值返回不同的响应（如 301、404 等异常状态或正常渲染的 HTML 内容）。

（4）children：DOMNode 类型，见<BrowserRouter>组件的同名属性。

11.5 React Router 组件

React Router 除了提供多种路由器组件外，还提供<Prompt>、<withRouter>、<Redirect>等组件，以满足开发人员的个性化需求。

11.5.1 <Prompt>组件

<Prompt>组件用于在跳转离开当前页面时弹出警告信息，可以通过设置 when 属性来决定是否弹出警告。该组件包含以下两个属性。

（1）when：Boolean 类型。当 when 的值为 true 时，弹出警告；当 when 的值为 false 时，阻止警告弹出。

（2）message：String 类型或 Function 类型。该属性的值或返回值为弹出警告的信息。若函数返回为 true，则不弹出警告，直接跳转。

下面的例子演示了<Prompt>组件的使用方法：

< 166 >

```
import { Prompt } from 'react-router'

function PromptExample() {
    let allowPrompt = true;
    return (
        <Router>
            <div>
                {/*<Prompt when={allowPrompt} message="确定离开吗？"/>*/}
                <Prompt
                    message={location =>
                        location.pathname.startsWith("/taobao")
                            ? true
                            : '确定要跳转到${location.pathname}?'
                    }
                />
                <h2>购物</h2>
                <ul>
                    <li>
                        <Link to="/taobao">淘宝</Link>
                    </li>
                    <li>
                        <Link to="/netease">网易</Link>
                    </li>
                </ul>
                <Route path="/:id" component={NewPage} />
            </div>
        </Router>
    );
}

function NewPage({match}) {
    return (
        <div>
            <h3>您当前位于页面：{match?match.params.id:''}</h3>
        </div>
    );
}
```

11.5.2　<withRouter>组件

<withRouter>是一个高阶组件，用于把一个组件包装为一个新的组件，新组件直接复制原始组件的静态方法和属性。在使用新组件时，<withRouter>组件会将 history 对象、当前 location 对象和最近的路由组件的 match 值作为属性传入新组件。通过下面的示例，可以看出<withRouter>组件的作用：

```
import React from 'react';
import { withRouter } from 'react-router'
```

< 167 >

```
import { BrowserRouter as Router, Route, Link } from "react-router-DOM";

function WithRouterExample() {
    return (
        <Router>
            <div>
                <h2>购物</h2>
                <Link to="/taobao">淘宝</Link>
                <Route path="/:id" component={NewPage} />
            </div>
        </Router>
    );
}
function NewPage({match}) {
    return (
        <div>
            <Comp/>
            <WithRouterComp.WrappedComponent/>
            <WithRouterComp/>
        </div>
    );
}
class Comp extends React.Component {
    render() {
        const { match, location, history } = this.props

        return (
            <div>您当前位于页面: {match?match.params.id:''}</div>
        )
    }
}
const WithRouterComp = withRouter(Comp);
```

通过上面示例可以发现，在使用原始<Comp>组件时，无法获取 match 信息；而在使用经<withRouter>组件转换后的<WithRouterComp>组件时，则可以取得 match 的值。

被输出的往往只有转换后的组件，这时如果希望使用原始组件，则可以通过<WithRouterComp>组件的 WrappedComponent 属性来访问，如上例所示。

11.5.3 <Redirect>组件

<Redirect>组件将页面导航到一个新的位置，新的 location 对象默认将覆盖 location 列表中当前指针指向的 location 对象，这一特性与服务器端重定向方式一样。该组件包含以下 5 个属性。

（1）to：String 或 Object 类型，表示要跳转的 URL，传入 Object 类型时与路由组件中的 location 对象一致。

（2）push：Boolean 类型，设置为 true 时，新的 location 对象被压入 history 对象，而不是覆盖当前 location 对象。

< 168 >

（3）from：String 类型，表示跳转前的路径名，与路由组件的 path 属性同样用于路径匹配。该属性的值必须是合法的 URL 路径，且必须包含 to 属性用到的全部参数，并将同名参数传递给 to 属性。只有在<Redirect>组件作为<Switch>组件的子结点时，from 属性才能用于匹配 location 对象。

（4）exact：Boolean 类型，用于对 from 属性进行路径精确匹配，详见路由组件的 exact 属性。

（5）strict：Boolean 类型，用于对 from 属性进行路径严格匹配，详见路由组件的 strict 属性。

11.6 本章小结

  React Router 是 React 最热门的路由框架之一。本章从一个简单的 React 路由示例着手，引出了 React Router 的三个重要概念——路由器、路由组件和导航组件；随后，详细介绍了路由组件的 API 配置和使用方法，介绍了各种路由器及其适用场景；最后，简要介绍了 React Router 的几个特性。本章内容是从开发者角度进行组织的，每个知识点都有相应的示例。读者结合示例源代码，能够轻松地掌握 React Router 的使用方法。

11.7 习题

1. 谈一谈为什么要在应用中使用 React Router，它为 React 带来了哪些变化。
2. 尝试利用 React Router 开发一个简单的菜单组件，实现基本的页面导航功能。
3. 编写一个具有三级嵌套路由的应用，要求三级路由分别使用不同的渲染方式。
4. 开发一个路由组件，使得从不同位置跳转到该组件时表现出不同的行为。

< 169 >

前后端交互是 Web 应用开发的重点之一，也是一种典型的异步操作。本章首先介绍了用于异步操作处理的 Promise 对象。与传统的回调函数方法相比，该对象的方法具有多种优势。然后介绍了一种常用的 HTTP 客户端 Axios。

本章全部示例均存放于 promise-demo 工程下。

12.1 前后端交互技术

在 Web 出现之初，前端页面要获取后端信息都是通过刷新整个页面来实现的。这种实现方式导致前端很难维护状态，而且前后端交互的开销比较大，用户体验比较差。AJAX（Asynchroneus JavaScrpit and XML，异步 JavaScript 和 XML）的出现改变了前后端交互的模式，为前端开发带来了翻天覆地的变化。使用 AJAX 对页面进行部分更新时无须重新加载整个页面。AJAX 的实质是把数据从页面中剥离出来。这样，仅在需要更新数据时，页面直接通过 AJAX 实现前后端的交互，从而避免了整个页面刷新带来的巨大开销。事实上，前端的很多操作（如翻页、保存、删除等）都只会带来数据的更新，因而，AJAX 的适用场景是非常多的。

12.2 前后端交互中的特殊对象——Promise

我们知道，与 CPU 执行速度相比，前后端数据交互的时间开销是巨大的，因此为了避免 JavaScript 代码在执行过程中被阻塞，AJAX 一般采用异步方式实现前后端交互。这样一来，后端返回的数据就只能通过回调函数来处理了，在处理多个连续的有依赖关系（后一个要用到前一个的返回值）的请求时，"回调函数金字塔"就出现了，如下例所示：

```
const jqueryWay = () => {
    const err = error => {
        console.info(error);
    };
```

```
        //第一个关注者的博客信息
        jquery.ajax({
            url: 'http://local host:3001/following',
            type: 'get',
            success: data => {
                console.info(data);
                jquery.ajax({
                    url: data[0].url,
                    type: 'get',
                    success: data => {
                        console.info(data);
                        jquery.ajax({
                            url: data.blog,
                            type: 'get',
                            success: data => {
                                console.info(data)
                            },
                            error: err,
                        });
                    },
                    error: err,
                });
            },
            error: err,
        });
};
```

　　Promise 对象正是为解决这一问题而产生的。对于上面的例子，如果使用 Promise 对象，则代码会简化为如下的样子：

```
const promiseWay = () => {
    axios.get('http://local host:3001 /following')
        .then(value => {
            console.info(value.data);
            return axios.get(value.data[0].url);
        })
        .then(newValue => {
            console.info(newValue.data);
            return axios.get(newValue.data.blog);
        })
        .catch(err => {
            console.info(err);
        });
};
```

　　由上面的代码可以清晰地看出，与传统的方式相比，Promise 对象代码的整洁性和可读性都大大提高，而且不必对每个请求提供错误处理，只需一个 catch() 函数即可。下面我们就来详细介绍一下 Promise 对象的用法。

< 171 >

12.2.1 Promise 简介

正如前面所说，Promise 对象是为解决异步操作中的问题而产生的。作为一个对象，它代表着一个异步操作的结束（完成或失败），即我们可以向 Promise 对象添加回调函数。当异步操作结束时，Promise 对象就会主动调用回调函数。

在传统异步操作处理方式中，回调函数直接作为参数传递给异步操作函数，待异步操作执行完毕后根据执行结果（成功或失败）来调用相应的回调函数。然而，在 Promise 方式中，异步操作函数不会等待操作结束，而是立即返回一个 Promise 对象，利用这个对象的 API 接口，开发者可以灵活地添加一个或多个回调函数，Promise 对象会在异步操作完成（成功或失败）后按顺序执行回调函数。正如前面例子所示，回调函数也可以返回 Promise 对象，从而实现多个异步操作的有序执行，即前一个执行完毕后才开始执行后一个，并且后一个异步操作函数会以前一个执行成功的返回结果为输入参数。

Promise 对象具有 3 种可能的状态，分别是 PENDING（进行中）、FULFILLED（已完成）和 REJECTED（已失败）。第一种状态表示异步操作已启动但尚未执行完；后两种状态表示异步操作结束。其中，FULFILLED 表示操作执行成功，而 REJECTED 则表示执行失败或执行过程中出现异常（下文统称为执行失败）。Promise 对象的状态具有两大特点：一是状态反映异步操作执行情况，无法从外部进行修改；二是 Promise 对象的状态最多只能发生一次变化，且只有两种可能的状态变迁方式，分别为 PENDING→FULFILLED 和 PENDING→REJECTED。

12.2.2 Promise 对象的原理

一般情况下，我们在开发中遇到的 Promise 对象都是某些工具返回的。创建一个 Promise 对象可以按照如下代码编写：

```
let promise = new Promise((resolve, reject) => {
    setTimeout(() => {
        resolve('Promise resolved.');
    }, 200);
});
promise.then(msg => {
    console.log(msg)
});
```

这样就可以在 200 ms 后在控制台打印出一行 "Promise resolved."。Promise 对象是如何做到的呢？Promise 对象有多种实现方式，其实现逻辑也都比较复杂，下面简要介绍其思想。

Promise 对象一般都有以下属性：异步操作成功或失败的返回值_value，Promise 对象当前状态_status，以及两个回调函数队列_resolves 和_rejects。

Promise 对象一般使用构造方法，即异步操作成功后触发的方法_resolve()，失败后触发的方法_reject()，用于添加回调函数的 API 方法 then()，以及用于多个 Promise 对象组合的 API 方法 all()、race() 等。

Promise 对象的一般工作流程如下：在构造方法 new Promise(executor) 中完成对内部属性的初

< 172 >

始化操作，包括清空回调函数列表和将初始状态设置为 PENDING 等，随后开始执行真正的异步操作 executor() 函数，即上例中的 setTimeout(() => { resolve('Promise resolved.'); }, 200);})。executor() 函数接收的两个传入参数就是 Promise 对象的两个内部方法_resolve() 和_reject()。前者负责依次执行成功队列_resolves 中的回调函数；后者负责依次执行失败队列中的回调函数，执行一个，移除一个，最终将两个队列清空。一般在 executor() 函数中，会在异步操作成功时调用_resolve() 方法，失败时调用_reject() 方法。

回调函数队列_resolves 和_rejects 是由 Promise 对象的 API 方法 then() 来填充回调函数的。Then()方法接收两个回调函数作为参数，分别对应异步操作成功和失败两种状态，异步操作成功或失败时的返回值分别是两个回调函数的输入参数。then()方法一般用以下思路实现：

```
Promise.prototype.then = (onFulfillment, onRejection) => {
  let promise = this;
  // then()方法会返回一个新的 Promise 对象
  return new Promise((resolve, reject) => {
    // 利用 then()的第一个参数 onFulfill 构造新的回调函数，该回调函数稍后会被 push
    // 到_resolves 队列中
    const fulfillCB = value => {
      // fulfillCB 在_resolves 队列中被调用时会接收到外层 Promise 对象执行成
      // 功后的返回结果 value。如果 onFulfill 是函数，就把 value 传给它并执行
      let newValue = (typeof onFulfillment === 'function' &&
        onFulfillment(value)) || value;
      if (newValue && typeof newValue['then'] === 'function') {
        // 如果 onFulfill 返回一个 Promise 对象，那么该 Promise 执行成功后会
        // 调用 then()函数返回的 Promise 对象的 resolve()，并将执行成功的返
        // 回值传入 resolve()，进而将 then()返回的 Promise 对象置为完成状态；
        // 如果执行失败，类似地，将 then()返回的 Promise 对象置为失败状态
        newValue.then(val => {
          resolve(val);
        }, reason => {
          reject(reason);
        });
      } else {
        // 如果 onFulfill 返回的不是 Promise，直接将 then()返回的 Promise 对象
        // 置为完成状态
        resolve(newValue);
      }
    };
    // 利用 then()的第一个参数 onReject 构造新的回调函数，该回调函数稍后会被 push
    // 到_rejects 队列中
    const rejectCB = reason => {
      reason = (typeof onRejection === 'function' && onRejection(reason))
        || reason;
      reject(reason);
    };
```

< 173 >

```
  // 根据外层 Promise 对象的状态判断要采取的动作
  if (promise._status === 'PENDING') {
    // 外层 Promise 为未完成状态，将新构造的两个回调函数 push 到回调函数队列
    promise._resolves.push(fulfillCB);
    promise._rejects.push(rejectCB);
  } else if (promise._status === 'FULFILLED') {
    // 外层 Promise 为已完成状态，直接调用 fulfillCB
    fulfillCB(promise._value);
  } else if (promise._status === 'REJECTED') {
    // 外层 Promise 为已失败状态，直接调用 rejectCB
    rejectCB(promise._value);
  }
  });
}
```

从代码中可以看出，then() 方法将两个回调函数（then() 的两个参数）添加到原始 Promise 对象的回调函数队列，从而实现了两个目的：一是保证了回调函数在 Promise 对象异步操作执行完毕后才开始执行；二是回调函数会以异步操作执行成功或失败的返回值作为输入参数。同时，then() 方法返回了一个新的 Promise 对象，因此，可以在 then() 方法后面继续调用 then() 方法来添加更多的回调函数，后一个 then() 方法添加的回调函数则以前一个 then() 方法回调函数执行完毕后的返回结果为输入。

图 12-1 所示为 Promise 对象状态变迁和 then() 方法的使用场景，图中 catch(onRejection) 方法是 then(undefined, onRejection) 方法的别名。

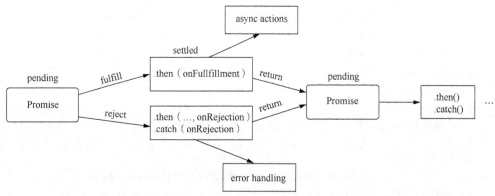

图 12-1　Promise 对象状态变迁和 then() 方法的使用场景

12.2.3　Promise 对象的使用方法

1．基础 API

本章一开始的示例就是 Promise 对象的典型应用，即使用异步操作返回的 Promise 对象的 then() 方法来添加回调函数。在 then() 方法中添加的回调函数也可以是异步操作。then() 方法会返回一个新的 Promise 对象，将其作为再次调用时的原型方法 then()，即实现了 then() 方法的多次调用。

下面构造一个返回 Promise 对象的异步函数。该函数接收一个非负整数参数 ms，执行成功后，

< 174 >

Promise 对象的回调函数将提供参数 ms+1000，代码如下所示：

```
const wait = ms => new Promise((resolve, reject) => {
    const cb = () => {
        console.log('本次等待时间为${ms}ms.');
        resolve(ms + 1000);
    };
    setTimeout(cb, ms)
});
```

可以用下例演示 then() 方法调用链：

```
wait(1000)
    .then(ms =>wait(ms))
    .then(newMs =>wait(newMs))
    .then(finalMs =>wait(finalMs));
```

其输出如下：

```
本次等待时间为1000ms.
本次等待时间为2000ms.
本次等待时间为3000ms.
本次等待时间为4000ms.
```

由上例可以看出，每次的等待时间都是由前一个回调函数决定的。

下例演示了 catch() 方法的使用。与传统异步操作的"金字塔"式代码结构不同，Promise 对象只需一个异常处理就可以捕获前面所有可能的错误（只捕获第一个），代码如下所示：

```
wait(1000)
    .then(() => {
        throw new Error('发生异常! ');
    })
    .then(() =>  wait(2000))
    .catch(reason => {
        console.log(reason.message);
    })
```

当出现异常时，后续代码会直接跳过，直到异常被处理。Catch() 方法也是会返回 Promise 对象的，因此 catch() 方法后面还可以继续调用 then() 方法，代码如下：

```
wait(1000)
    .then(() => {
        throw new Error('发生异常! ');
    })
    .then(() =>  wait(2000))
    .catch(reason => {
        console.log(reason.message);
    })
    .then(() => wait(3000))
```

此时的输出如下：

< 175 >

本次等待时间为 1000ms.

发生异常！

本次等待时间为 3000ms.

由此可以看出，catch() 方法后的 then() 方法被调用了，与我们的预期一致。可能有些读者会感到迷惑,Promise 对象已经发生异常了,为什么后面的 then() 方法还会执行呢？原因很简单,then() 方法或 catch() 方法每次执行都返回一个新的 Promise 对象，而上例里 catch() 方法中的回调函数在执行时并未出现异常，因此返回的 Promise 对象最终状态为已完成，从而执行了后面的 then() 方法。如果 catch() 方法中的回调函数再次出现异常，后面的代码也会被直接跳过，直到异常被捕获为止，代码如下：

```
wait(1000)
    .then(() => {
        if(setErr)
            throw new Error('发生异常！ ');
    })
    .then(() =>  wait(2000))
    .catch(reason => {
        throw new Error('catch 中发生异常！ ')
    })
    .then(() => wait(3000))
```

本次的异常未处理，因此浏览器控制台会报如下错误：

```
本次等待时间为 1000ms.
Uncaught (in promise) Error: catch 中发生异常！
    at timeout.js:37
```

Promise.resolve(value) 方法和 Promise.reject(reason) 方法返回的 Promise 对象一创建就是完成或失败状态，接下来不会再发生任何状态变化，对其添加的回调函数会采用参数 value（如果参数 value 也是 Promise 对象，就采用执行完成后的返回值）作为输入，但回调函数不会马上被执行，而是放入 JavaScript 执行器的任务队列中，并置为就绪状态。一旦 JavaScript 主线程和任务队列中排在前面的已就绪的异步任务执行完毕，就会立即执行回调函数。

在待处理的变量可能为一般类型或 Promise 对象时，可以采用 Promise.resolve() 方法来处理。这样，无论原变量是什么类型，都会被统一转换为 Promise 对象。

2．组合 API

Promise 对象提供了一对组合 API 方法——all() 和 race()，它们可以接收多个 Promise 对象，实现并行执行，并返回一个新的 Promise 对象。当输入的全部 Promise 对象都完成时，all() 方法返回的 Promise 对象变为已完成状态,并返回一个由各 Promise 对象执行成功的 value 值组成的数组；当这些 Promise 对象中有一个失败时，all() 方法返回的 Promise 对象变为失败状态，并返回第一个失败 Promise 对象的 value 值。下面的例子展示了 Promise.all() 的使用方法，value1 和 value2 分别为 promise1 和 promise2 执行成功的返回值：

```
const promise1 = wait(1000);
```

< 176 >

```
const promise2 = wait(2000);
Promise.all([promise1, promise2])
    .then(([value1, value2]) => {
        console.log(value1);
        console.log(value2);
    })
```

控制台输出如下所示：

```
本次等待时间为1000ms.
本次等待时间为2000ms.
2000
3000
```

顾名思义，race() 方法表示多个 Promise 对象"赛跑"，最先执行完毕的那个 Promise 对象会决定 race() 方法返回的 Promise 对象的状态和 value 值。示例代码如下所示：

```
const promise1 = wait(1000);
const promise2 = wait(2000);
Promise.race([promise1, promise2])
    .then((value) => {
        console.log(value);
    })
```

控制台的输出如下所示：

```
本次等待时间为1000ms.
2000
本次等待时间为2000ms.
```

从上面两个例子的输出可以看出 all() 方法和 race() 方法的不同行为。在这两个方法中，Promise 对象都能执行完毕，但前者全部 Promise 对象都执行完毕才执行 then() 方法的回调函数，后者第一个 Promise 对象执行完成后就执行 then() 方法的回调函数。

使用 JavaScript 数组的 reduce() 方法也可以实现 Promise 对象的组合，并表现出与 then() 方法调用链相同的行为，如下所示：

```
[wait, wait, wait].reduce((func1, func2) => func1.then(func2),
    Promise.resolve(1000));
```

其效果与下面的代码完全相同，二者的输出也一致：

```
wait(1000)
    .then(ms =>wait(ms))
    .then(newMs =>wait(newMs))
    .then(finalMs =>wait(finalMs));
```

12.3　HTTP 客户端——Axios

Axios 是一款基于 Promise 对象的开源的 HTTP 客户端，支持浏览器和 Node.js。由于 Axios

< 177 >

简单易用、功能完善且兼容多种浏览器，因此目前其应用非常广泛。Axios 既可以用于传统的开发方式，也可以用于目前最新的 ES6 前端开发，如下所示：

```
//传统 CDN 方式
<script src="https://unpkg.com/axios/dist/axios.min.js"></script>
//ES6 方式
import axios from 'axios';
```

12.3.1 Axios/API

Axios 有两个 API，分别是 axios(config) 和 axios(url[, config])。在 axios(config) 中，参数 config 是一个由开发者指定的配置对象，常用的属性如下所示：

```
axios({
    method: 'post',
    url: '/user',
    data: {
            name: '张三',
            sex: '男',
            id: '010101'
    }
});
```

上例中，通过 Axios 向后端路径为 "/user" 的 url 发送一个新增用户的 POST 请求，新增的用户姓名为 "张三"，性别为 "男"，id 为 "010101"。那么，如何处理 HTTP 请求的响应呢？这里就用到我们前面讲的 Promise 对象了。Axios 返回一个 Promise 对象，因此可以在 then() 方法中添加回调函数来处理 HTTP 响应，如下所示：

```
axios.get('http://local host:3001/following')
    .then(response => {
            console.info(response);
    })
```

Axios 请求的返回对象结构如下所示：

```
{
    // 后端返回的数据
    data: {},

    // 后端返回的 HTTP 状态码
    status: 200,

    // 后端返回的 HTTP 状态消息
    statusText: 'OK',

    // 后端返回响应的 HTTP 头信息
    // 所有报文头的名称都用小写
    headers: {},
```

< 178 >

```
    // axios 请求的配置信息
    config: {},

    // 原始请求
    request: {}
}
```

axios(url[, config]) 与 axios(config) 的作用完全一致,只是把参数 url 从 config 对象中拿了出来,作为第一个参数。在这个 API 中,config 对象是可选项,即只传入参数 url,此时默认的 HTTP 方法是 get()。

为了适应开发者的使用习惯,Axios 还把 HTTP 方法(GET()、POST()、DELETE()、put()等)从 config 对象中独立出来作为 Axios 的方法供开发者调用,如下所示:

```
axios.get(url[, config])
axios.delete(url[, config])
axios.head(url[, config])
axios.options(url[, config])
axios.post(url[, data[, config]])
axios.put(url[, data[, config]])
axios.patch(url[, data[, config]])
```

12.3.2 Axios 配置

如前文所述,Axios 的所有参数可以全部封装在 config 对象中,这个 config 对象是针对某个独立的 Axios 请求起作用的。该对象除 url、method、baseURL 等常用的配置属性外,还提供了其他丰富的配置属性,本书不做详细介绍,感兴趣的读者可以查看 Axios 使用文档。

Axios 还提供了一种全局的配置方法。目前,许多应用在维持登录状态时已经抛弃了传统的 Cookie 方式,转而采用更加安全灵活的令牌方式。令牌是放在 HTTP 报文头中的,一般以 "Authorization" 命名,用户登录成功后,可以通过全局配置更改 Axios 的 headers 属性,这样后续的请求就都会带上这个 headers 属性了,代码如下:

```
axios.defaults.headers.common['Authorization'] =AUTH_TOKEN;
```

在很多应用中,都需要对请求或响应进行统一的操作,此时最优雅的解决方案就是使用 Axios 的拦截器。Axios 提供了两种拦截器——请求拦截器和响应拦截器,如下所示:

```
axios.interceptors.request.use(config => {
    // 在请求发出之前对 config 进行统一修改
    return config;
}, err => {
    return Promise.reject(err);
});
axios.interceptors.response.use(response => {
    // 对响应对象做统一处理
    return response;
}, err => {
```

< 179 >

```
    return Promise.reject(err);
});
```

12.4 本章小结

本章介绍了当今主流的用于向服务器端发送请求的前端技术 Promise 对象的原理和使用方法，并简述了一种基于 Promise 对象的 HTTP 客户端 Axios。Axios 可以很好地与 React 等模块化开发技术配合使用，因此最近几年非常流行。

12.5 习题

1. 简述 Promise 对象的工作原理。
2. Promise 对象的方法比传统的回调函数设置方法有哪些优势？

< 180 >

第13章 React 单元测试

本章将从一个小例子出发，详细介绍 React 单元测试工具的使用方法。React 应用的官方推荐测试工具是 Jest，它是由 Facebook 公司研发并发布到开源社区的一款测试工具，本章将重点介绍 Jest 工具。

本章对应的全部示例代码均存放于 test-demo 工程下。

13.1 简单示例：平方函数测试

用 React 命令行工具 create-react-app 创建 React 工程脚手架时，会发现有一个 npmtest 的命令，我们运行该命令就会执行工程中的*.test.js 文件、*.spec.js 文件以及 __tests__ 文件夹下面的*.js 文件，开始测试过程。实际上，create-react-app 内置的测试工具就是 Jest。

我们用 create-react-app 工具创建一个 test-demo 例子，并在 src 目录下面创建一个 example 文件夹，然后在该文件夹下编写下面两个 JavaScript 文件——simple.js 和 simple.test.js，代码如下所示：

```javascript
//simple.js
export const func = val => val * val;

//simple.test.js
import {func} from './simple';
test('1 的平方是 1', ()=>{
    expect(func(1)).toBe(1);
});
test('2 的平方是 4', ()=>{
    expect(func(2)).toBe(4);
});
```

运行 npm run test，其输出如图 13-1 所示。

```
 PASS  src/examples/simple.test.js
  ✓ 1的平方是1 (1ms)
  ✓ 2的平方是4 (2ms)

Test Suites: 1 passed, 1 total
Tests:       2 passed, 2 total
Snapshots:   0 total
Time:        0.32s, estimated 1s
Ran all test suites related to changed files.
```

图 13-1　test-demo 代码测试输出

在上面的例子中，simple.js 中的 func() 函数的功能是计算一个数的平方。simple.test.js 是一个最典型的测试文件，这里的 test() 方法和 expect() 方法都是 Jest 工具的特性。本质上它们都是 JavaScript 的方法，test() 方法用于创建一个测试用例，它接收两个参数：第一个是测试用例的名称，本例中的第一个测试用例名称为"1 的平方是 1"；第二个是一个函数，这个函数才是真正的测试代码。在测试用例中一般会用到 expect() 方法，上例中使用 expect(func(1)).toBe(1) 对 func(1) 是否为 1 进行了测试，这个测试语句称为断言。上例中第二个测试用例对 func(2) 是否为 4 进行了测试，测试用例的名称为"2 的平方是 4"。

从这个小例子我们可以看出，借用 Node.js 和 create-react-app 工具进行 JavaScript 的测试是十分简便的。本节中的例子是对纯 JavaScript 方法进行的测试，仅使用了 toBe 匹配器，后面几节将就 DOM 结构和 React 渲染的测试等内容展开讲解。

13.2 React 官方测试工具 Jest

13.1 节中我们用一个小例子演示了 Jest 工具最基本的用法，本节将全面介绍 Jest 工具在 React 应用中的功能、特点及在各种场景下的使用方法。

13.2.1 Jest 工具的测试环境搭建

要使用 Jest 工具进行 React 应用的测试，第一步就是搭建 Jest 工具的测试环境。最简便的方法就是使用 create-react-app 工具，直接使用 npx create-react-app my-app 命令创建 React 工程脚手架，这是最适合初学者的一种方式。在 React 工程创建好之后，可以在 package.json 中看到有一个脚本命令是"test"，执行该命令就会启动测试过程。create-react-app 工具将在第 15 章中介绍。

当然，如果不想使用 create-react-app 工具，也可以自己手动搭建 Jest 工具的测试环境，首先要做的是在工程根路径下执行下面的命令：

```
npm install --save-dev jest babel-jest @babel/preset-env @babel/preset-react
react-test-renderer
```

该命令执行完成后，会在工程的 package.json 文件中添加如下脚本：

```
"devDependencies": {
  "@babel/preset-env": "^7.4.4",
  "@babel/preset-react": "^7.0.0",
  "babel-jest": "^24.8.0",
  "jest": "^24.8.0",
  "react-test-renderer": "^16.8.6"
}
```

然后在根路径的 babel.config.js（如果没有该文件，就创建一个）中添加如下语句：

```
module.exports = {
    presets: ['@babel/preset-env', '@babel/preset-react'],
};
```

< 182 >

到这里，Jest 工具的测试环境就搭建好了，可以正常使用 Jest 工具的基本特性了。当然，某些用于 React 渲染测试的包和第三方包还需要单独安装，详见 13.3.2 小节中 Enzyme 工具的安装。

13.2.2　匹配器方法

在 Jest 工具的断言语句中需要用到匹配器方法，在 13.1 节的例子中，使用了最为常见的 toBe 匹配器。Jest 工具还有很多其他的匹配器，用于完成不同场景的断言，下面分类进行介绍。

1．等值匹配器

这里介绍等值匹配器中最为常用的两种：toBe 和 toEqual。二者都用于判断两个对象是否相等，但还是有很大区别的。toBe 匹配器使用 Object.is() 方法来判断两个对象是否相等；但是 Object.is() 在比较两个对象或数组时，仅比较它们的地址是否相等。然而，大部分情况下，我们更希望比较两个对象或数组的属性是否相等，这时就需要使用 toEqual 匹配器。它会对对象或数组进行深层次的迭代比较，如下例所示：

```
test('1 is 1', ()=>{
    expect(1).toBe(1);
});
test('1 equals to 1', ()=>{
    expect(1).toEqual(1);
});
test('{a:1} is not {a:1}', ()=>{
    expect({a:1}).not.toBe({a:1});
});
test('{a:1} equals to {a:1}', ()=>{
    expect({a:1}).toEqual({a:1});
});
```

在匹配器前面可以加.not，它必须与匹配器配合使用，表示与匹配器相反的情况，即在匹配器结果的基础上取反。

2．真假匹配器

真假匹配器用于判断当前值是否是 undefined、null 或 false，共包含以下 5 种匹配器。

（1）toBeNull：仅匹配 null。

（2）toBeUndefined：仅匹配 undefined。

（3）toBeDefined：相当于 not.toBeUndefined。

（4）toBeTruthy：匹配令 if 语句为真的值。

（5）toBeFalsy：相当于 not.toBeTruthy。

下面的例子演示了上面 5 个匹配器对 undefined、null、0、false 和 true 的匹配情况，在使用时一定要挑选适合自己需求的匹配器：

```
test('undefined', ()=>{
    let target = undefined;
    expect(target).not.toBeNull();
    expect(target).toBeUndefined();
```

< 183 >

```
        expect(target).not.toBeDefined();
        expect(target).not.toBeTruthy();
        expect(target).toBeFalsy();
});
test('null', ()=>{
        let target = null;
        expect(target).toBeNull();
        expect(target).not.toBeUndefined();
        expect(target).toBeDefined();
        expect(target).not.toBeTruthy();
        expect(target).toBeFalsy();
});
test('0', ()=>{
        let target = 0;
        expect(target).not.toBeNull();
        expect(target).not.toBeUndefined();
        expect(target).toBeDefined();
        expect(target).not.toBeTruthy();
        expect(target).toBeFalsy();
});
test('false', ()=>{
        let target = false;
        expect(target).not.toBeNull();
        expect(target).not.toBeUndefined();
        expect(target).toBeDefined();
        expect(target).not.toBeTruthy();
        expect(target).toBeFalsy();
});
test('true', ()=>{
        let target = true;
        expect(target).not.toBeNull();
        expect(target).not.toBeUndefined();
        expect(target).toBeDefined();
        expect(target).toBeTruthy();
        expect(target).not.toBeFalsy();
});
```

3．数值匹配器

数值匹配器包含下面 5 种。

（1）toBeGreaterThan：用于匹配大于。

（2）toBeGreaterThanOrEqual：用于匹配大于或等于。

（3）toBeLessThan：用于匹配小于。

（4）toBeLessThanOrEqual：用于匹配小于或等于。

（5）toBeCloseTo：用于浮点数值等值匹配。

示例代码如下：

```
import {func} from './simple';
test('2 的平方', ()=>{
```

< 184 >

```
    let result = func(2);
    expect(result).toBeGreaterThan(1);
    expect(result).toBeGreaterThanOrEqual(4);
    expect(result).toBeLessThan(5);
    expect(result).toBeLessThanOrEqual(4);
    expect(result).toBe(4);
    expect(result).toEqual(4);
});
test('1.4 的平方', ()=>{
    let result = func(1.4);
    expect(result).not.toEqual(1.96);//浮点数值不能直接用 toBe 或 toEqual 匹配
    expect(result).toBeCloseTo(1.96);
});
```

4．字符串匹配器

Jest 工具支持通过正则表达式进行字符串匹配。同样地，也可以对字符串使用等值匹配器。
示例代码如下：

```
test('字符串开始于', ()=>{
    // 匹配以'我'开头的字符串
    let match = /^我/
    expect('我是中国人').toMatch(match);
    expect('你也是中国人').not.toMatch(match);
});
test('两个字符串相等', ()=>{
    expect('我是中国人').toEqual('我是中国人');
    expect('我是中国人').toBe('我是中国人');
});
```

关于正则表达式的语法本书不做详细介绍。

5．数组和可迭代量匹配器

Jest 工具提供了数据和可迭代量匹配器（这里介绍 toContain 匹配器）来判断数组或可迭代量中是否包含某个特定项。
示例代码如下：

```
const cellphoneBrands = [
    '华为',
    '小米',
    '三星',
    '苹果'
];
const cellphoneBrandSet = new Set(cellphoneBrands);
test('手机品牌列表中包含华为', ()=>{
    expect(cellphoneBrands).toContain('华为');
```

< 185 >

```
        expect(cellphoneBrandSet).toContain('华为');
});
test('手机品牌列表中不包含诺基亚', ()=>{
        expect(cellphoneBrands).not.toContain('诺基亚');
        expect(cellphoneBrandSet).not.toContain('诺基亚');
});
```

第一个测试用例内容为手机品牌列表 cellphoneBrands 中包含 "华为"。同样，可以使用.not 来表示相反的断言，第二个测试用例就用.not 测试了手机品牌列表中不包含 "诺基亚"。

6．异常匹配器

这里介绍 Jest 工具提供的一个基本的异常匹配器 toThrow。该匹配器可以匹配一般性异常对象和特定异常对象，还可以进行异常消息的精确或正则表达式匹配。示例代码如下：

```
function rangeError() {
    throw new RangeError('超出范围! ');
}
test('超出范围异常', () => {
        expect(rangeError).toThrow();
        expect(rangeError).toThrow(RangeError);
        expect(rangeError).toThrow('超出范围! ');
        expect(rangeError).toThrow(/范围/);
});
```

13.2.3　模拟函数

模拟函数（MockFunctions）是测试必不可少的一个工具，它用来模拟待测试代码所调用的函数，从而屏蔽其对待测试代码的影响。Jest 工具提供的模拟函数可以捕获函数的每次调用及其所用的参数，可以捕获更新出来的全部实例，可以配置函数在测试时返回的值等。

1．模拟函数小示例

下面从一个简单的例子开始介绍模拟函数：

```
const forEach = (items, callback) => {
      for (let index = 0; index < items.length; index++) {
             callback(items[index]);
      }
};
test('forEach([0,1],cb)会调用 cb 两次，且分别传入 0 和 1 作为参数', ()=>{
        const mockCallback = jest.fn(x => x);//该函数返回值与输入参数相同
        forEach([10,-10], mockCallback);
        // cb 被调用了 2 次
        expect(mockCallback.mock.calls.length).toBe(2);
        // cb 第 1 次调用的输入参数为 10
        expect(mockCallback.mock.calls[0][0]).toBe(10);
```

< 186 >

```
        // cb 第 2 次调用的输入参数为-10
        expect(mockCallback.mock.calls[1][0]).toBe(-10);
        // cd 第 1 次调用的返回结果为 10
        expect(mockCallback.mock.results[0].value).toBe(10);
});
```

在上面的示例中，待测试函数 forEach() 接收两个参数：一个数组 items 和一个函数 callback()，callback() 函数会分别应用于数组的每个元素。在测试用例中，用 Jest 工具模拟出一个返回与输入相同的函数，并将数组 items 定为[10,-10]。

上例中，我们用到了模拟函数的 mock 对象。mock 对象包含三个数组，分别是 calls、instances 和 results。其中，calls 数组是一个二维数组，记录每次调用模拟函数时的各个参数；instances 数组记录模拟函数的各个实例。示例代码如下：

```
const mockCallback = jest.fn();
const a = new mockCallback();
const b = new mockCallback();
expect(mockCallback.mock.instances[0]).toBe(a);
expect(mockCallback.mock.instances[1]).toBe(b);
```

mock 对象包含的第三个数组是 results，它记录每次调用模拟函数的返回值或抛出的异常，其结构如下所示：

```
[
    {
        type: 'return',
        value: 'result1',
    },
    {
        type: 'throw',
        value: {
            /* 异常对象 */
        },
    },
    {
        type: 'return',
        value: 'result2',
    },
];
```

2. 模拟函数返回值

有时需要为模拟函数设置一个返回值，Jest 工具提供了下面两个 API 来实现这个功能。

（1）mockReturnValueOnce(val)：仅在第一次执行模拟函数时返回该值。

（2）mockReturnValue(val)：在 mockReturnValueOnce() 设定的返回值用光后，返回该值。

示例代码如下所示：

```
const mockCallback = jest.fn();
mockCallback
    .mockReturnValueOnce('first call')
```

< 187 >

```
    .mockReturnValueOnce('second call')
    .mockReturnValue('default call');
test('三次调用 mockCallback', ()=>{
    let firstCall = mockCallback();
    let secondCall = mockCallback();
    let thirdCall = mockCallback();
    expect(firstCall).toBe('first call');
    expect(secondCall).toBe('second call');
    expect(thirdCall).toBe('default call');
});
```

3. 模拟模块

Jest 工具支持对模块的模拟，如模拟 Axios，避免网络的延迟。

下面的示例代码对 axios.get() 方法进行模拟，将其模拟为返回 Promise 对象的函数，且成功后返回值为对象{name: '张三'}：

```
import axios from 'axios'

jest.mock('axios');
axios.get.mockResolvedValue({name: '张三'});
test('获取用户为张三',() => {
    axios.get('/user').then(user => expect(user.name).toBe('张三'));
});
```

4. 模拟函数体

在某些情况下，仅仅模拟函数的返回值是不够的，还需要替换掉函数的实现。Jest 工具为这个需求提供了解决方法：jest.fn()+mockImplementationOnce()。与模拟函数返回值的方法类似，mockImplementationOnce() 会为模拟函数增加一个函数体，每个函数体仅执行一次。当所有次数都用完时，开始执行由 jest.fn() 函数创建的默认函数体，如下面代码中的第一个测试用例所示：

```
import {func as mockFunc2} from '../examples/simple'
jest.mock('../examples/simple');

test('将函数体模拟为 1+2', ()=>{
    const mockFunc1 = jest
        .fn(cb => cb(1, 2))
        .mockImplementationOnce(cb => cb(2, 3))
        .mockImplementationOnce(cb => cb(2, 3));
    expect(mockFunc1((x, y) => x + y)).toBe(5);
    expect(mockFunc1((x, y) => x + y)).toBe(5);
    expect(mockFunc1((x, y) => x + y)).toBe(3);
});

test('将函数体模拟为 1+2', ()=>{
    mockFunc2.mockImplementation((x, y) => x + y);
    expect(mockFunc2(1, 2)).toBe(3);
    expect(mockFunc2(2, 3)).toBe(5);
```

< 188 >

```
});
```

上例中第二个测试用例演示了 mockImplementation() 函数的用法，该方法用于为其他模块中写好的函数创建模拟函数体。

5．模拟函数命名

我们可以通过 mockName() 函数为模拟函数提供一个名称，在对该函数测试不通过时，提示信息会用这个名称代替"jest.fn()"，如下所示：

```
const myMockFn = jest
    .fn()
    .mockImplementation(scalar => 42 + scalar)
    .mockName('add42');
test('模拟函数被调用过', ()=>{
    expect(myMockFn).toHaveBeenCalled();//测试不通过
});
```

测试失败的信息如下所示：

```
expect(add42).toHaveBeenCalled()
Expected mock function "add42" to have been called, but it was not called.
```

13.2.4 异步代码测试

如果待测试的代码执行异步操作，则不能像一般的测试代码那样把断言写在回调函数中；否则，测试用例会在异步操作调用回调函数之前结束，从而忽略断言代码。下面的示例就是一个错误的示范：

```
import {fetchData} from "./fetchData";
import axios from 'axios';
jest.mock('axios');
test('用户名为李四', ()=>{
    axios.get.mockResolvedValue({name: '张三'});
    const callback = value => {
        expect(value.name).toBe('李四');
    };
    fetchData(callback);
});
```

上述测试本应该不通过，但实际测试中会通过。

1．回调函数测试

事实上，Jest 工具提供了对异步回调函数测试的支持，即在结束回调函数的执行前，以显式方式通知测试用例结束测试。代码如下所示：

```
import {fetchData} from "./fetchData";
import axios from 'axios';
jest.mock('axios');
```

< 189 >

```
test('用户名为李四', cb =>{
    axios.get.mockResolvedValue({name: '张三'});
    const callback = value => {
        expect(value.name).toBe('李四');
        cb();
    };
    fetchData(callback);
});
```

运行测试，发现上面的测试用例测试失败，符合我们的预期，证明这种方式是可以用来测试异步操作的。

2．Promise 对象测试

如果待测试的异步函数返回一个 Promise 对象，那么可以在测试用例中直接返回该 Promise 对象，此时，Jest 工具会等待 Promise 对象执行完成。而如果 Promise 对象执行失败，则测试会失败。

下例中，待测试函数 fetchData() 返回一个 Promise 对象，并返回给 Jest 工具。Jest 工具会等待异步操作执行完成后执行断言语句，完成测试过程，代码如下所示：

```
import {fetchDataPromise} from "./fetchData";
import axios from 'axios';
jest.mock('axios');
test('用户名为张三', () =>{
    axios.get.mockResolvedValue({name: '张三'});
    return fetchDataPromise().then( value => {
        expect(value.name).toBe('张三');
    });
});
```

如果要测试异常，那么需要增加一条语句，即设置断言数量，如下所示：

```
import {fetchDataPromise} from "./fetchData";
import axios from 'axios';
jest.mock('axios');
test('用户不存在', () =>{
    axios.get.mockImplementation(() => Promise.reject('用户不存在! '));
    expect.assertions(1);
    return fetchDataPromise().catch( e => {
        expect(e).toMatch('用户不存在');
    });
});
```

如果不设置断言数量，那么在异步操作执行成功时，测试也不会失败。下面的测试代码在进行测试时，会通过测试，这显然与我们的预期不一致：

```
import {fetchDataPromise} from "./fetchData";
import axios from 'axios';
jest.mock('axios');
```

< 190 >

```
test('用户不存在', () =>{
    axios.get.mockImplementation(() => Promise.resolve({name: '张三'}));
    return fetchDataPromise().catch( e => {
        expect(e).toMatch('用户不存在');
    });
});
```

Jest 工具为 Promise 对象测试提供了一组简单的匹配器——.resolves 和.rejects。在使用这类匹配器时，Jest 工具会等待异步操作结束后再进行匹配，代码如下所示：

```
test('用户名为张三', () =>{
    axios.get.mockImplementation(() => Promise.resolve({name: '张三'}));
    return expect(fetchDataPromise()).resolves.toEqual({name: '张三'});
});
test('用户不存在', () =>{
    axios.get.mockImplementation(() => Promise.reject('用户不存在! '));
    return expect(fetchDataPromise()).rejects.toMatch('用户不存在');
});
```

13.2.5　两组钩子：beforeEach/afterEach 和 beforeAll /afterAll

第一组钩子 beforeEach/afterEach 对每个测试用例都会执行一次，因此可以将每个测试用例中的公共部分放在这些钩子中，其中 beforeEach 在每个测试用例开始之前执行，而 afterEach 在每个测试用例结束之后执行。

下面的例子演示了 beforeEach/afterEach 的用法和执行时机：

```
let val = 0;
console.info('val 的值为${val}.')
beforeEach(() => {

    val === 0 && (val = 1);
    console.info('val 的值为${val}.')
});
afterEach(() => {
    val = 0;
    console.info('val 的值为${val}.')
});

test('1=1', ()=>{
    expect(val).toBe(1);
    val = -1;
    console.info('val 的值为${val}.')
});

test('1=1', ()=>{
    expect(val).toBe(1);
```

< 191 >

```
val = -1;
console.info('val 的值为${val}.')
});
```

在某些场景下，我们需要在进行测试前执行某些初始化操作，且只执行一次。这些初始化代码显然不能写在测试用例中，否则会多次执行，这时就会用到 beforeAll。相应地，Jest 工具还提供了 afterAll 来进行测试完成后的析构操作。

下面的示例演示了 beforeAll/afterAll 的用法和执行顺序：

```
import {fetchDataPromise} from "../async/fetchData";
let getReturn = false;
beforeAll(() => {
    return fetchDataPromise().then(() => {
        getReturn = true;
        console.info('执行 beforeAll')
    });
});
afterAll(() => {
    console.info('测试完毕.')
})
test('已取到结果', ()=>{
    expect(getReturn).toEqual(true)
    console.info('执行测试用例')
});
```

在 beforeEach/afterEach 和 beforeAll /afterAll 这两组钩子中，我们有时需要执行异步操作，而且希望 Jest 工具等待这些异步操作结束后再去执行别的代码（如测试用例），这时将异步操作的 Promise 对象返回即可，如上面代码所示。作为对比，我们可以不返回上面代码 beforeAll 中的 Promise，如下所示：

```
import {fetchDataPromise} from "../async/fetchData";
let getReturn = false;
beforeAll(() => {
    fetchDataPromise().then(() => {
        getReturn = true;
    });
});
test('已取到结果', ()=>{
    expect(getReturn).not.toEqual(true)
});
```

13.2.6　快照测试

快照测试用于确保 UI 界面不会发生非预期的改变。当 UI 变化后，后一次的快照就会与前一次存储的快照不同，快照测试就会失败。在处理失败的快照测试时，一般有两种情况：一种是 UI 改变符合预期的情况，即本次 UI 变化是开发者有意为之，这时就需要把存储的快照进行更新；

< 192 >

另一种是 UI 改变是非预期的，即某些原因导致 UI 错误的更改，此时就要找到原因并加以解决。这也正是快照测试的意义。

下面的示例代码演示了一个典型的快照测试用例，在该示例中使用了 toMatchSnapshot() 函数：

```
import React from 'react';
import Link from './Link'
import renderer from 'react-test-renderer';
test('渲染 Link 组件', ()=>{
    const snapshot = renderer
        .create(<Link href='/home'>首页</Link>)
        .toJSON();
    expect(snapshot).toMatchSnapshot();
});
```

执行一次该测试代码后，会在该测试文件同级目录下的"__snapshots__"文件夹下生成一个 *.snap 文件，该文件就是快照，其形式如下所示：

```
// Jest Snapshot v1, https://goo.gl/fbAQLP

exports['渲染 Link 组件 1'] = '
<a
  href="/home"
>
  首页
</a>
';
```

当 UI 发生变化时（如将上例中的链接地址更改为"/index"），新的快照就会与存储的快照产生区别，导致测试失败，打印信息如下所示。

```
'; Snapshot name: '渲染 Link 组件 1'

    - Snapshot
    + Received

      <a
    -   href="/home"
    +   href="/index"
      >
        首页
      </a>
```

此时需要判断 UI 更改是否符合预期，如果是我们自己要修改链接地址，那就需要对快照进行更新。最简单的更新方式就是在交互模式下直接输入"u"，如图 13-2 所示。

< 193 >

```
Snapshot Summary
› 1 snapshot failed from 1 test suite. Inspect your code changes or press `u` to update them.

Test Suites: 1 failed, 19 passed, 20 total
Tests:       1 failed, 36 passed, 37 total
Snapshots:   1 failed, 1 total
Time:        2.247s, estimated 3s
Ran all test suites related to changed files.

Watch Usage
› Press a to run all tests.
› Press f to run only failed tests.
› Press u to update failing snapshots.
› Press i to update failing snapshots interactively.
› Press q to quit watch mode.
› Press p to filter by a filename regex pattern.
› Press t to filter by a test name regex pattern.
› Press Enter to trigger a test run.
```

图 13-2　在交互模式下进行快照更新

Jest 工具还提供了一种快照测试匹配器，称为行内快照测试 toMatchInlineSnapshot。行内测试匹配器与前面讲的一般快照测试匹配器 toMatchSnapshot 基本相同，唯一的区别在于行内快照测试不会把快照写在文件中，而是直接写入测试代码。示例代码如下：

```
import React from "react";
import Link from "./Link";
import renderer from "react-test-renderer";
test("渲染 Link 组件", () => {
    const snapshot = renderer.create(<Link href="/home">首页</Link>).toJSON();
    expect(snapshot).toMatchInlineSnapshot();
});
```

上面的测试代码在执行一次后就会变成下面的样子：

```
import React from "react";
import Link from "./Link";
import renderer from "react-test-renderer";
test("渲染 Link 组件", () => {
    const snapshot = renderer.create(<Link href="/home">首页</Link>).toJSON();
    expect(snapshot).toMatchInlineSnapshot(
      <a
        href="/home"
      >
        首页
      </a>
    );
});
```

很少出现代码执行过程中直接修改代码本身的情况，但 Jest 工具就是这么神奇。这样显然是更直观的，但如果不习惯这样，也可以继续使用一般的快照测试匹配器 toMatchSnapshot。

13.3　DOM 测试工具

在 React 应用测试的工具集中，除 Jest 工具外，react-testing-library 工具和 Enzyme 工具也比

< 194 >

较常用，这里对这两种工具进行简要的介绍。

13.3.1　react-testing-library 工具

react-testing-library 工具基于 react-dom 和 react-dom/test-utils 开发而成。它省去了大量的样板代码，是用于 React 组件测试的轻量级解决方案。本小节仅对其典型使用方法进行简要说明。

react-testing-library 核心库为 dom-testing-library，该库提供了在进行 Web 页面测试时对 DOM 结点查询和操作的一系列方法。dom-testing-library 提供的查询方法名称由两部分组成：动作和选项，二者以 By 连接。动作包括 get、getAll、query、queryAll、find 和 findAll 六大类，它们之间有些许差异。选项则表示查询的对象，主要对应 DOM 元素的属性，包括 LabelText、Text、PlaceholderText 等。动作和选项组合构成查询方法，如 getByLabelText 等。此外，dom-testing-library 还提供了事件触发函数和异步处理工具。

下面的示例代码展示了 react-testing-library 的使用方法：

```
import React from 'react'
import {render, fireEvent, cleanup, waitForElement} from 'react-testing-library'
import 'jest-dom/extend-expect'

import axiosMock from 'axios'
import Fetch from './fetch'

jest.mock('axios');

// 测试结束后，自动清除 DOM.
afterEach(cleanup);

test('单击按钮时发出 HTTP GET 请求，并在收到响应后显示问候语', async () => {
    // Arrange
    axiosMock.get.mockResolvedValueOnce({data: {greeting: 'hello there'}});
    const url = '/greeting';
    const {getByText, getByTestId, container, asFragment} = render(
        <Fetch url={url} />,
    );

    // 查询按钮并触发单击事件
    fireEvent.click(getByText(/获取问候语/i));

    // 等待指定 DOM 元素出现
    const greetingTextNode = await waitForElement(() =>
        getByTestId('greeting-text'),
    );

    // Assert
    expect(axiosMock.get).toHaveBeenCalledTimes(1);
    expect(axiosMock.get).toHaveBeenCalledWith(url);
    expect(getByTestId('greeting-text')).toHaveTextContent('hello there');
```

< 195 >

```
    expect(getByTestId('ok-button')).toHaveAttribute('disabled');
    expect(container.firstChild).toMatchSnapshot();
    expect(asFragment()).toMatchSnapshot()
})
```

上例中，首先需要用到的是 render() 方法。Render() 方法将 React 组件渲染到 document 对象（浏览器会为每个载入的 HTML 文档生成一个对应的 document 对象）body 元素下的一个容器中，并返回一组查询函数、asFragment() 函数和 container 对象。这些查询函数在调用时默认会在 document.body 下进行查询。asFragment() 函数的每次调用都返回 React 组件的当前渲染结果。container 对象为 React 组件初次渲染完成后的 DOM 结点情况。

13.3.2　Enzyme 工具

Enzyme 工具是专门为简化 React 组件测试而开发的测试工具，其 API 在对 DOM 处理和遍历上模仿了 jQuery 框架的 API。本小节仅对其典型使用方法进行简要说明。

使用 Enzyme 工具时，为适配不同的 React 版本，需要安装相应版本的 Enzyme 适配器，并执行 Enzyme 工具的 configure() 函数进行配置。由于本书所有示例都采用了 React 16.x 版本，因此执行以下命令进行适配器安装：

```
npm i --save-dev enzyme enzyme-adapter-react-16
```

然后进行相应的配置，如下所示：

```
import Enzymefrom 'enzyme';
import Adapter from 'enzyme-adapter-react-16';
Enzyme.configure({ adapter: new Adapter() });
```

Enzyme 工具支持三种类型的 React 组件渲染，分别是浅渲染、全 DOM 渲染和静态渲染。

1．浅渲染

浅渲染是指在对 React 组件进行渲染时，仅渲染第一层，直接忽略子组件。这种渲染方式效率最高，而且不需要真实的 DOM 环境。但是，浅渲染无法呈现整个组件树的情况。下例演示了利用 Enzyme 工具的浅渲染技术对 React 组件进行测试的情况：

```
import React from 'react';
import Enzyme, { shallow } from 'enzyme';
import MyComponent from './MyComponent';
import Foo from './Foo';
import Adapter from 'enzyme-adapter-react-16';

Enzyme.configure({ adapter: new Adapter() });

test('不渲染<Foo />组件', () => {
    const wrapper = shallow(<MyComponent />);
    expect(wrapper.find(Foo)).toHaveLength(3);
});

test('渲染了一个类名为'.icon-star'的 DOM 元素', () => {
```

< 196 >

```
    const wrapper = shallow(<MyComponent />);
    expect(wrapper.find('.icon-star')).toHaveLength(1);
});

test('渲染传入的子结点', () => {
    const wrapper = shallow((
        <MyComponent>
            <div className="unique" />
        </MyComponent>
    ));
    expect(wrapper.contains(<div className="unique" />)).toBe(true);
});

test('模拟 click 事件', () => {
    const onButtonClick = jest.fn();
    const wrapper = shallow(<Foo onButtonClick={onButtonClick} />);
    wrapper.find('button').simulate('click');
    expect(onButtonClick).toHaveBeenCalledTimes(1);
});
```

2. 全 DOM 渲染

当遇到以下两类测试用例时，需要使用全 DOM 渲染：一是组件需要与 DOM 的 API 发生交互；二是需要测试的组件封装在高阶组件中。

在进行全 DOM 渲染时，测试代码的全局作用域内需要有一整套 DOM 的 API，即测试代码必须运行在类浏览器环境。在使用 Jest 工具进行单元测试时，默认使用 jsdom 测试环境（jsdom 测试环境提供了这种类浏览器环境）。下面的示例代码演示了使用 Enzyme 的全 DOM 渲染对 React 组件进行测试的情况：

```
import React from 'react';
import Enzyme, { mount } from 'enzyme';
import Foo from './Foo';
import Adapter from 'enzyme-adapter-react-16';

Enzyme.configure({ adapter: new Adapter() });

test('渲染过程中调用了 componentDidMount', () => {
    Foo.prototype.componentDidMount = jest.fn();
    const wrapper = mount(<Foo />);
    expect(Foo.prototype.componentDidMount).toHaveBeenCalledTimes(1);
    wrapper.unmount();
});

test('渲染后可修改传入组件的属性值', () => {
    const wrapper = mount(<Foo bar="baz" />);
    expect(wrapper.props().bar).toEqual('baz');
    wrapper.setProps({ bar: 'foo' });
    expect(wrapper.props().bar).toEqual('foo');
    wrapper.unmount();
```

< 197 >

```
});

test('模拟 click 事件', () => {
    const onButtonClick = jest.fn();
    const wrapper = mount((
        <Foo onButtonClick={onButtonClick} />
    ));
    wrapper.find('button').simulate('click');
    expect(onButtonClick).toHaveBeenCalledTimes(1);
    wrapper.unmount();
});
```

在全 DOM 渲染时，由于每个测试用例都是对全局的 DOM 进行操作的，因此会出现彼此影响的情况，这时可以在测试完毕后调用 unmount() 方法，将挂载出来的整个 DOM 结点移除。

3. 静态渲染

静态渲染使用 Enzyme 工具的 render() 函数将 React 的组件树转换为 HTML 结构，并对生成的 HTML 结构进行分析。静态渲染与全 DOM 渲染有些类似，同样是对整个组件树进行渲染；不同的是，利用 render() 函数渲染后生成的是静态 HTML 结构，不能再响应任何事件。

下面代码为静态渲染的示例：

```
import React from 'react';
import Enzyme, { render } from 'enzyme';
import PropTypes from 'prop-types';
import Foo from './Foo';
import Adapter from 'enzyme-adapter-react-16';

Enzyme.configure({ adapter: new Adapter() });

test('渲染了三个类名为'.foo-bar'的 DOM 元素', () => {
    const wrapper = render(<Foo />);
    expect(wrapper.find('.foo-bar')).toHaveLength(3);
});

test('渲染了标题', () => {
    const wrapper = render(<Foo title="unique" />);
    expect(wrapper.text()).toMatch('unique');
});

test('可通过 context 传值', () => {
    function SimpleComponent(props, context) {
        const { name } = context;
        return <div>{name}</div>;
    }
    SimpleComponent.contextTypes = {
        name: PropTypes.string,
    };

    const context = { name: 'foo' };
```

< 198 >

```
    const wrapper = render(<SimpleComponent />, { context });
    expect(wrapper.text()).toEqual('foo');
});
```

13.4　本章小结

　　本章介绍 React 单元测试，重点讲解了 React 的官方测试工具 Jest，首先从一个简单例子开始，演示了最基本的 Jest 工具测试用例编写方式；随后详细讲述了 Jest 工具的匹配器方法、模拟函数、异步代码测试、钩子函数和快照测试等特性及相应使用方法；最后介绍了两种用于 React DOM 测试的工具——react-testing-library 和 Enzyme，它们提供了大量用于 DOM 测试的手段和模式，可以与 Jest 工具配合使用。

13.5　习题

　　1. 编写一个加法函数，并用 Jest 工具对其进行测试。

　　2. 编写模拟函数用例，测试函数调用次数、输入参数和返回结果。

　　3. 编写异步操作测试用例，分别测试异步操作执行成功和失败的情况。

　　4. 自己从零开始搭建一个 Jest 工具测试环境，要求包含 Enzyme 工具。用搭建好的测试环境分别进行浅渲染、全 DOM 渲染和静态渲染的测试。

< 199 >

第14章 工程实例——选修课选课系统

本章以选修课选课系统为例进行完整的工程示例讲解和技术验证。在实际工程中，很多通用组件都已经有了开源或商业的实现，如 AntDesigned、iView、Element 等。考虑工程需要，本示例基于开源 AntDesigned 组件库实现。在实现技术细节上，系统综合应用了本书介绍的 Router、Redux 等各种技术。

14.1 基本需求分析

选修课选课系统一般应用于学校内部局域网，通过管理员、老师、学生的协作共同完成大学选修课网上选课这一任务。为突出主题，该系统的后端均采用固定的数据请求实现。

选课系统的需求分析如下。

根据大学选修课管理流程，系统应该包含课程设置、课程查询、学生选课等功能，系统的用户分为系统管理员、开课教师和选课学生。

系统管理员的主要职责是维护系统，包括选课信息发布、选课时段设置、教师和学生管理、密码设置修改等用例。用例指在不展现一个系统或子系统内部结构的情况下，对系统或子系统的某个连贯的功能单元的定义和描述，即对系统功能的描述。

教师的主要用例是提交课程信息，包括上课地点、上课时间、上课人数等。

学生的主要用例是个人信息注册修改、课程查询、教师查询、提交选课申请、撤销申请、选课情况查询等。

系统管理员负责维护整个系统，设置选课时段，其权限如下所示。

（1）选课前：学生不可登录，同时发布教师的基本情况。

（2）选课时：①限制最大选课人数，防止系统崩溃；②排课、发布选课信息；③数据备份和恢复等。

（3）选课后：①学生只可查询，管理员对选课结果进行统计；②管理员查询选课情况，对学生的选课申请进行处理，进行用户管理。

开课教师权限如下所示。

（1）排课前：撰写教师反馈，对排课者提出排课意见，供排课者在排课时参考使用。

（2）排课后：查询课程的基本情况、学生情况。

学生权限如下所示。

在选课系统中查询课程、教师信息，查看教师反馈，提交选课申请，撤销申请，查询选课情况，登录系统，进行个人信息修改等与选课有关的活动。

根据上面所述，对系统进行分析，系统分为登录控制、排课和选课三个主要功能，分别对应登录模块、排课模块和选课模块三个模块。其中，登录模块是前提，排课模块是基础，选课模块是关键。

登录模块区分排课者（系统管理员）、教师和学生三者的不同身份，给出不同的权限。在页面中根据身份判断其相应具有的权限，执行不同的操作。

排课模块主要供排课者使用，可设定选课时间段，进行排课，检测排课是否冲突、教室是否冲突，以及发布选课信息等。

选课模块是本系统要实现的最终目的，选课模块主要供学生选课使用，在这里可以进行与选课有关的活动，包括课程浏览查询、选课、退选课程。

选课系统的功能结构如图 14-1 所示。

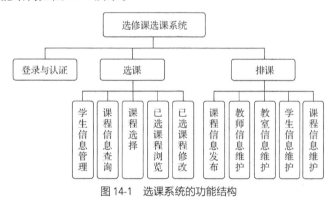

图 14-1　选课系统的功能结构

选课系统的数据交互关系如图 14-2 所示。

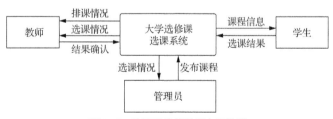

图 14-2　选课系统的数据交互关系

14.2　详细设计

本节将逐一介绍如何设计选修课选课系统的不同界面。

14.2.1　项目总体工程描述

项目总体工程描述代码如下：

< 201 >

```
{
  "name": "course-selection",
  "version": "0.1.0",
  "private": true,
  "dependencies": {
    "antd": "^3.18.1",
    "axios": "^0.18.0",
    "moment": "^2.24.0",
    "react": "^16.8.6",
    "react-DOM": "^16.8.6",
    "react-redux": "^5.1.1",
    "react-router": "^5.0.0",
    "react-router-DOM": "^5.0.0",
    "react-scripts": "^3.0.1",
    "redux": "^3.7.2",
    "redux-thunk": "^2.3.0"
  },
  "scripts": {
    "start": "react-app-rewired start",
    "build": "react-app-rewired build",
    "test": "react-app-rewired test --env=jsDOM",
    "eject": "react-scripts eject",
    "server": "cd server && json-server db.json -w -p 3001"
  },
  "devDependencies": {
    "babel-plugin-import": "^1.11.2",
    "customize-cra": "^0.2.12",
    "json-server": "^0.12.2",
    "react-app-rewire-less": "^2.1.3",
    "react-app-rewired": "^2.1.3"
  },
  "browserslist": {
    "production": [
      ">0.2%",
      "not dead",
      "not op_mini all"
    ]
  }
}
```

从上面的代码可以看出，项目名称为 course-selection，版本号为 0.1.0。项目的依赖项为 antd 等，项目开发时依赖 babel-plugin-import 等模块。

从 scripts 段中可以看出，工程的可运行脚本有 start、build、test、eject、server。命令 npm run start 用于启动开发时的运行模式，npm run build 用于构建发布，npm run test 用于运行测试用例，npm run server 用于启动后台服务器。这里的后台服务是通过 json-server 模块实现的，后端访问的端口是 3001，json-server 模块用于响应简单的前端 HTTP 请求并直接返回 json 数据。这里仅用于验证前端功能，实际工程中，后台业务逻辑不会这么简单固定，一般采用 Java、Python、Node.js、C++等常用的 Web 后端开发语言实现。

< 202 >

14.2.2 登录界面设计

登录界面的功能主要是用户输入用户名和密码，并选择用户类型。登录页面是一个典型的表单，在单击"登录"按钮时，向 Web 后端提交用户输入的信息，在提交之前还需要对用户输入信息的合法性进行校验。

关键代码如下所示：

```
class Login extends Component {
    render() {
        const { getFieldDecorator } = this.props.form;
        return (
         <div className="content">
          <Form className="login-form" onSubmit={this.login.bind(this)}>
           <FormItem label="用户名" {...formItemLayout}>
             {getFieldDecorator('name',{
                rules: [{
                  required: true, message: '请输入用户名!'
                }],
             })(
                <Input prefix={<Icon type='user' style={{color:'rgba
                (0,0,0,.25)'}}/>} placeholder='请填写用户名'/>
                )
             }
          </FormItem>
{/* 这里省略了其他相似代码 */}
          </Form>
         </div>
        )
    }

    login = (e) =>{
        e.preventDefault();
        this.props.form.validateFields((err,values) => {
            if(!err){
                const fieldsValue = this.props.form.getFieldsValue();
                fetch('http://localhost:3001/${fieldsValue.type}')
                    .then(res => res.json())
                    .then(res => {
                        const user = res.filter(item => item.name ===
                        fieldsValue.name);
                        if(user.length > 0 && user[0].password ===
                        fieldsValue.password){
                            sessionStorage.setItem("isAuthenticated",
                            "true");
                            this.props.history.push('./home');
                        }
                        else {
                        alert('用户名密码错误! ');
```

< 203 >

```
                                }
                    });
            }else {
                    console.log(err);
            }
        })
    }
}

export default Login = Form.create()(Login);
```

当登录成功后，调用动态路由函数 this.props.history.push('./home') 跳转到主页。

选课系统登录界面如图 14-3 所示。

图 14-3　选课系统登录界面

14.2.3　主界面设计

主界面的功能主要是完成界面布局设计，其布局由头部、左侧导航栏和中央显示区组成。选课系统主界面如图 14-4 所示。

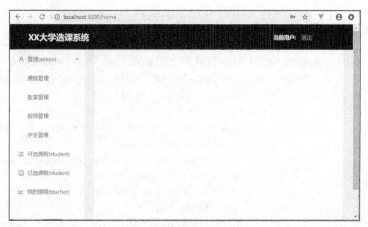

图 14-4　选课系统主界面

当登录成功后，调用动态路由函数 this.props.history.push('./home') 跳转到主页。

其源代码如下所示：

< 204 >

```
import React from 'react';
import { Link } from 'react-router-DOM';
import { Layout, Menu, Icon } from 'antd';
import HeaderLayout from './HeaderLayout';

const { SubMenu } = Menu;
const { Content, Sider } = Layout;

class HomeLayout extends React.Component{
    constructor(props){
        super(props);
    }

    render(){
        const { children } = this.props;
        return (
            <Layout>
                <HeaderLayout/>
                <Layout>
                    <Sider width={200} style={{ background: '#fff' }}>
                        <Menu mode="inline" defaultSelectedKeys={['1']}
                        defaultOpenKeys={['sub1']}
                            style={{ height: '100%', borderRight: 0 }}>
                            <SubMenu key="sub1" title={<span><Icon type=
                            "user" />管理
                                (admin)</span>}>
                                <Menu.Item key="sub11">
                                    <Link to="/home/admin/course">课程管理
                                    </Link>
                                </Menu.Item>
                        {/* 这里省略了其他相似代码 */}
                            </SubMenu>
                            <Menu.Item key="kxkc">
                                <Link to="/home/student/available"><Icon
                                type="ordered-list" />可选
                                    课程(student)</Link>
                            </Menu.Item>
                            <Menu.Item key="yxkc">
                                <Link to="/home/student/selected"><Icon
                                type="check-square" />已
                                    选课程(student)</Link>
                            </Menu.Item>
                            <Menu.Item key="wdkc">
                                <Link to="/home/teacher/my"><Icon type="
                                line-chart" />我的课程
                                    (teacher)</Link>
                            </Menu.Item>
                        </Menu>
```

< 205 >

```
                </Sider>
                <Layout style={{ padding: '0 24px 24px' }}>
                    <Content style={{ background: '#fff', padding: 24,
                        margin: 0, minHeight:480 }}>
                        { children }
                    </Content>
                </Layout>
            </Layout>
        </Layout>
    );
    }
}
export default HomeLayout;
```

整个界面对应 HomeLayout 组件。它由 Layout 组件按嵌套结构组成，Layout 组件为容器性质的组件，包含 HeaderLayout、Sider、Content 等内容性组件。其中，Sider 组件中包含 Menu 组件，Menu 组件中的 Menu.Item 组件对应指定中央区域的页面路由。可以看出，与 jQuery 框架直接操作 DOM 的方法相比，采用 React 组件化设计后，原本复杂的页面结构变得十分简洁清晰，主题更加突出。

14.2.4 选课界面设计

选课界面主体是一个典型的表格组件，头部增加了一个课程名称搜索框。选课系统选课界面如图 14-5 所示。

图 14-5 选课系统选课界面

关键代码如下所示：

< 206 >

```
class AvailableList extends React.Component {
    constructor(props) {
        super(props);

        this.state = {
            confirmLoading: false,
            data: []
        };
    }

    asyncLoadData() {
        fetch("http:// localhost:3001/course")
        .then(res => res.json())
        .then(res => {
            this.setState({data: res});
        });
    }

    componentDidMount() {
        this.asyncLoadData();
    }

    search(name) {
        if (name.length > 0)
            fetch("http:// localhost:3001/course?name=" + name)
                .then(res => res.json())
                .then(res => {
                    this.setState({data: res});
                });
        else
            fetch("http:// localhost:3001/course")
                .then(res => res.json())
                .then(res => {
                    this.setState({data: res});
                });
    }

    select(record) {
        if (record.selectedStudents >= record.numberStudents) {
            message.error('无法选课，超出人数限制');
        } else {
            message.success("选课成功");
        }
    }

    render() {
        const columns = [{
            title: '课程 ID',
            dataIndex: 'id',
            key: 'id'
```

< 207 >

```
          }, {
              {/* 这里省略了其他相似代码 */}
          }, {
                title: '起止周',
                dataIndex: 'startWeek',
                key: 'range',
                render: (text, record) => (
                    <span>
                        {record.week[0]} - {record.week[1]}
                    </span>
                )
          }, {
                title: '已选/总人数',
                key: "nums",
                render: (text, record) => (
                    <span>
                        {record.selectedStudents} / {record.numberStudents}
                    </span>
                )
          }, {
                title: '操作',
                key: 'operation',
                render: (text, record) => (
                    <span type="ghost">
                        <Popconfirm title="确定要选课吗? " onConfirm={() =>
                        this.select(record)}>
                            <Button size="small">选课</Button>
                        </Popconfirm>
                    </span>
                )
          }];

          return (
              <div>
                  <div>
                      <SearchInput placeholder="请输入课程名称" onSearch={this.
                      search.bind(this)}/>
                  </div>

                  <Table columns={columns} dataSource={this.state.data}
                  rowKey="id"/>
              </div>
          );
      }
}

AvailableList.contextTypes = {};

export default AvailableList;
```

< 208 >

这里的实现可以结合前面常用组件的设计对比学习，特殊之处是表头增加了 render() 函数，以支持自定义渲染。

其他设计不再赘述，请读者自行查阅工程源代码。

14.3 本章小结

进修课选课系统这个实例主要展示了前端设计，相对简单。读者可以在此基础上自行扩展，增加和完善该系统功能。

14.4 习题

1. 结合路由策略，实现页面的统一错误处理，包括非法路由的页面显示以及远程请求出错时的错误弹窗等。

2. 实际上目前的示例并没有对组件的权限进行控制。请按照登录用户角色的不同，结合路由拦截，对组件是否显示进行控制。

< 209 >

附录 A

相关资源

一、UI 组件库

本部分将介绍几个较为流行的 React UI 组件库。这些组件库提供了大部分的常用组件，开发人员可以直接使用，无须自己开发。

1．Bootstrap

Bootstrap 是一个非常流行的前端工具包，它提供基本的页面布局样式和常用组件。React-Bootstrap 基于 React 对 Bootstrap 进行了重新实现，不依赖 bootstrap.js 或 jQuery 框架，因此，只要安装了 React-Bootstrap，就可以在 React 中使用 Bootstrap 的全部特性了。

使用以下命令可以完成 React-Bootstrap 的安装：

```
npm install react-bootstrap bootstrap
```

2．Material-UI

Material-UI 提供页面布局、表单、导航、数据展示及其他一些工具组件，功能非常丰富和强大。

使用以下命令可以完成 Material-UI 的安装：

```
npm install @material-ui/core
```

3．Ant Design

Ant Design 是阿里巴巴旗下蚂蚁金服公司推出的一款开源 React UI 框架，其中文文档做得很好，对于国内的开发人员来说更容易上手。Ant Design 提供非常丰富的组件库，包括布局、导航、数据录入、数据展示、反馈以及其他常用工具。

使用以下命令可以完成 Ant Design 的安装：

```
npm install antd --save
```

二、其他资源

本部分将介绍与 React 相关的其他资源。开发人员如果能够熟练使用这些资源（工具），可大大提高工作效率。

1．Storybook

Storybook 是一个专门用于前端 UI 组件开发的工具，支持组件库浏览、组件状态查看、组件交互式开发和组件测试，支持 React、React Native 等组件开发框架。另外，Storybook 还提供了一些典型应用示例，均可在 GitHub 的 Storybook 项目中访问。

2．Awesome-React

Awesome-React 项目广泛收集 React 资源，包括文档、社区、工具、框架、演示、示例代码、真实应用等。该项目可为 React 开发人员实现技术进阶提供支撑。

1. DOM

文档对象模型（Document Object Model，DOM），是处理 HTML 的标准编程接口，也是以面向对象方式描述的文档模型。DOM 是表示和处理 HTML 文档的基础。HTML 实质是以 DOM 树形式描述的文档，通过浏览器渲染为用户看到的效果。DOM 使页面可以动态地变化，页面的交互性大大增强。开发人员可以通过 JavaScript 重构 DOM 树（如添加、移除、改变或重排 DOM 树），来动态改变页面。

2. 开源协议

开源协议，也称为开源许可证，是一种法律许可。版权所有人通过开源协议明确地允许其他用户可以免费地使用、修改、共享版权软件。

版权法默认禁止共享，没有开源许可证的软件就等同于保留版权。即使开源了，用户也只能查看源代码，不能使用，一旦使用就会侵犯版权。所以软件开源，必须明确地授予用户开源协议。

开发者使用开源代码之前，一定要选择一种开源协议。目前，国际公认的开源许可证共有 80 多种。它们的共同特征是都允许用户免费使用、修改、共享源代码，但是都有各自的使用条件。常见的开源协议有 GPL、BSD、MIT、Mozilla、Apache 和 LGPL 等。

React 当前使用的开源协议是 MIT 协议。MIT 协议是一种宽泛的许可协议，源自麻省理工学院。MIT 协议规定作者只保留版权，再无任何其他限制，是目前限制最少的协议，它唯一的条件就是在修改后的代码或者发行包中包含原作者的许可信息。MIT 协议可用于商业用途。

3. 技术栈

技术栈是某项工作或某个职位需要掌握的一系列技能组合的统称，指将多种技术组合在一起，作为一个有机的整体来实现某种目标。

前端技术栈主要包含三个重要组成部分，即 HTML、CSS、JavaScript。React 属于技术栈中 JavaScript 部分。React 技术栈主要包括 React、ES6、JSX、React Router、Redux 等技术。

4. 脚手架

脚手架是为了保证各施工过程顺利进行而搭设的工作平台。

软件开发中的脚手架是一个将开发过程中用到的工具、环境配置好的开发环境，开发人员可以直接进行开发，不用再花时间去配置开发环境。目前各种前端框架都有属于自己的脚手架，有官方的，也有第三方的，如 React 的 create-react-app、Angular 的 Angular Cli、Vue 的 Vue Cli。

5．MVVM

MVVM 是一种当前较为流行的前端开发模式，本质上是对 MVC 的一种改进。M（Model）代表数据模型，开发者在 Model 中定义数据模型，编写业务逻辑操作数据模型；V（View）代表 UI 组件，它负责将数据模型呈现出来；而 VM（ViewModel）负责同步 UI 组件和数据模型的对象。在这种模式下，UI 组件和数据模型之间并没有直接的联系，而是通过 ViewModel 进行联系；数据模型和 ViewModel 之间的交互是双向的，UI 组件的变化会同步到数据模型中，而数据模型的变化也会反映到 UI 组件上，这就是双向数据绑定。

6．单元测试

单元测试（Unit Testing）是指对软件中的最小可测试单元进行检查和验证。一般来说，单元测试中单元的含义要根据实际情况去判定。例如，C 语言中单元指一个函数，Java 语音中单元指一个类，图形化的软件中单元可以指一个窗口或一个菜单等，在前端开发中单元可以指一个页面、一个组件、一个函数或一个样式。总之，单元就是人为规定的最小的被测功能模块。单元测试是在软件开发过程中要进行的最低级别的测试活动，软件的独立单元将在与程序的其他部分相隔离的情况下进行测试。

7．前端路由

前端路由指随着浏览器地址栏的变化展示给用户的页面。当用户访问不同路径的时候，会显示不同的页面。前端路由主要有两种实现方案：Hash 和 History API。Hash 路由主要基于锚点实现，简单易用，兼容性好；History API 采用 HTML5 的标准，但可能需要后端服务器改造来配合。

8．Node Express 框架

Node Express 框架是一个基于 Node.js 平台，快速、开放、极简的 Web 开发框架。

9．Markdown 语言

Markdown 是一种标记语言，可以使用普通文本编辑器编写，通过简单的标记语法，它可以使普通文本内容具有一定的格式。

Markdown 的语法简洁明了，简单易学，而且功能比纯文本更强，因此有很多人用它写博客。世界上最流行的博客平台 WordPress 和大型代码托管平台 GitHub 都能很好地支持 Markdown 格式文档的显示。

< 212 >